中等职业教育中餐烹饪专业教材

烹饪基本功训练

刀工

李天乐　孙江山◎主编

PENGREN JIBENGONG XUNLIAN

DAOGONG

中国轻工业出版社

图书在版编目（CIP）数据

烹饪基本功训练：刀工 / 李天乐，孙江山主编. 北京：中国轻工业出版社，2024. 11. --ISBN 978-7-5184-4997-2

Ⅰ. TS972.111

中国国家版本馆CIP数据核字第2024W0A744号

责任编辑：方 晓 吴曼曼　　责任终审：高惠京　　设计制作：锋尚设计
策划编辑：史祖福 方 晓　　责任校对：晋 洁　　责任监印：张京华

出版发行：中国轻工业出版社（北京鲁谷东街5号，邮编：100040）
印　　刷：天津裕同印刷有限公司
经　　销：各地新华书店
版　　次：2024年11月第1版第1次印刷
开　　本：787 × 1092 1/16 印张：10
字　　数：230千字
书　　号：ISBN 978-7-5184-4997-2 定价：38.00元
邮购电话：010-85119873
发行电话：010-85119832 010-85119912
网　　址：http://www.chlip.com.cn
Email：club@chlip.com.cn

230100J3X101ZBW

前言

党的十九大报告中提出要“建设知识型、技能型、创新型劳动者大军，弘扬劳模精神和工匠精神，营造劳动光荣的社会风尚和精益求精的敬业风气”。党的二十大报告中提出“加快建设国家战略人才力量，努力培养造就更多大师、战略科学家、一流科技领军人才和创新团队、青年科技人才、卓越工程师、大国工匠、高技能人才”的人才强国战略。2022年5月1日起实施的《中华人民共和国职业教育法》，有力推动职业教育的发展。餐饮行业的飞速发展对烹调师、面点师的需求量与日俱增。

《烹饪基本功训练：刀工》是旅游大类中餐烹饪专业、西餐烹饪专业和中西面点专业的一门专业核心课程。本课程旨在培养中西式烹调师、中西式面点师，为企业烹调和面点制作岗位培养储备人才。课程内容的选取遵循学生的认知规律，紧密结合行业对岗位知识（技能）的要求。

总体而言，本教材有以下特色：

1．紧跟时代，知行合一

本教材内容设计注重培养爱岗敬业的职业精神、精益求精的品质精神、协作共进的团队精神、追求卓越的创新精神，培养不怕脏、不怕苦、不怕累的劳动精神，培养自主、自发的学习精神，培养珍惜粮食、避免浪费的勤俭精神，培养做好垃圾分类的环保意识，培养向往美好工作岗位、实现青春梦想的情怀。助力学生提升职业素养、提高职业能力、实现职业规划。

2．巧设模块，理实结合

本教材在内容上分为刀工基础知识、直刀法、平刀法、斜刀法、剞刀法、基本料形、花刀工艺七个项目，每个项目由项目导读、学习目标、实训任务、项目总结、项目考核组成。每个任务由任务导读、相关知识、学思悟践等环节构成。结合《实训评价书》（附录2）对任务学习进行个人评价、小组评价和教师评价，通过创设刀工训练典型工作情景，以刀工训练任务为驱动，强调理论与实践相结合，符合学习认知心理，适用性、实用性强。

3．信息技术，巧妙融合

本教材创新之处是利用信息技术改进刀工训练教学模式。全书通过对多种原料进行加工、以图片和微课视频，帮助学生理解学习内容，引导学生在网络环境下快速开展自主学习和交流活动，获取全方位、高质量、即时化的数字资源。同时，教材配备教学资源包，含课件、教学设计、微课等资源，提供给教师使用，并定期更新。

4．岗课赛证，应用性强

本教材为适应“岗、课、赛、证”要求，将中式烹调师国家职业技能标准（附录3）、岗位要求、职业技能等级证书考核知识等融入其中。编写团队人员结构合理，包含专业领域专家、教科研人员、一线教师、行业企业技术人员和能工巧匠等。

本教材由秦皇岛市职业技术学校李天乐、烟台文化旅游职业学院孙江山担任主编，淄博市技师学院周建龙、四川省大邑县职业高级中学罗旭、张家口市职业技术教育中心贾彦东、重庆市北碚职业教育中心王园园担任副主编，秦皇岛市中等专业学校任爱臣、淄博市技师学院赵永一、江苏省灌云中等专业学校盛文、四川省大邑县职业高级中学陈如玉参与编写，济南蓝海御华大饭店杨滨滨、黄凯对实训项目进行指导。全书由李天乐负责统稿。

本教材由广东环境保护工程职业学院郝志阔副教授主审。

教材编写过程中得到了院校领导和同事的大力支持，参考了大量文献资料，在此一并表示由衷的感谢。由于作者水平有限，加之编写时间仓促，书中尚有许多不足之处，恳请专家、同人及广大读者提出宝贵意见，便于再版时进一步完善。

编者

2024年4月

目录

项目一 刀工基础知识

项目导读

在烹饪行业有“无刀不成菜”的说法，意思是说不管什么菜，都先要经过切配，符合烹调和食用的要求后才能烹制成美味佳肴。要成为一名大厨或烹饪高手，首先要具备精湛的刀工技术，然后才能正式从事切配和烹调工作，这是学习厨艺的程序和规矩。所以，认真学习和练习刀工技术，对学习烹饪课程有重要的作用。

学习目标

1. 掌握刀工基础知识。
2. 能熟练运用所学刀工基础知识与技能选刀、用刀、磨刀等。
3. 培养爱岗敬业的工匠精神、安全操作的意识和对中国烹饪刀工文化的热爱。

实训任务

刀工的初步认识、刀具种类与用途、刀具磨制与保养、砧板使用与保养、刀工姿势与操作。

任务一

刀工的初步认识

任务导读

孔子主张“割不正不食”，烹饪行业内也有“三分炉台，七分砧板”之说，刀工的好坏也是衡量厨师厨艺高低的重要标准之一。

相关知识

一、刀工、刀法的定义

刀工，指根据烹调和食用的要求，使用不同的刀具，运用不同的行刀技法，将烹饪原料加工切割成不同形状的操作过程。刀工是烹调过程中非常重要的一部分，强调的是用刀具切割原料的过程。

刀法，指使用不同刀具，将烹饪原料加工成一定形状的运刀方法。刀法是刀工的核心，强调的是运用刀具切割原料的具体方法，是刀工技法的具体体现。

二、刀工的作用

（一）便于烹调，有利于菜肴的成熟和入味

中国幅员辽阔，由于原料品种、产地、上市季节等因素，导致其色泽、形态、质地、营养不相同。原料的形状与加热时间、调味品的渗透密切相关。经刀工处理成为大小、厚薄、长短、粗细均匀的形状，便于成熟。在码味、腌渍、烹调时，调味品能更好地深入原料内部，使成品口味均匀。

（二）便于食用，有利于人体的消化和吸收

原料经刀工处理，化整为零，大小适中，方便取食和咀嚼，利于人体消化吸收。

（三）丰富菜肴品种，美化菜肴形态，提高菜肴质感

运用刀工技术，可将不同食材加工成不同形态，制成不同的菜肴。整齐、均匀、多样的刀工使菜肴形态丰富多彩，协调美观。经刀工处理，在正式烹调时能使出品成熟度一致，达到细嫩、爽脆、酥烂等效果。

三、刀工的基本要求

（一）刀工的选择应适合烹调、适应火候，方便调味

炒菜时一般使用猛火，时间短，入味快，要求原料切得小、薄，炖菜使用慢火，时间较长，原料可以切得大而厚。

（二）相同原料处理均匀，不同原料合理用刀，主辅料搭配和谐

原料的处理要求大小相同、长短一样、厚薄均匀。原料性质不同，用刀先视料，如牛肉需横纹切，鸡肉应顺纹切。用刀轻重适宜，该断则断，该连则连。辅料必须服从主料、衬托主料，辅料形状必须与主料协调一致。

（三）加工后的原料整齐、均匀、利落，有助于美化菜肴形态

刀刃保持锋利、无缺口，砧板要平整，落刀要均匀，不得前重后轻。

（四）合理使用原料，做到物尽其用

食材应统筹安排，精打细算，做到大材大用，小材小用，避免浪费。如大料改小料时，做到心中有数，从局部开始，不用部位要及时收藏。

（五）符合卫生要求，力求保持营养

操作时做到随时清洁，生熟食材选用不同砧板，做到不污染、不串味。蔬菜避免先切后洗造成营养流失。

学思悟践

1．学习：整理所学知识，制作本部分知识思维导图。

2．思考：你还知道哪些关于刀工的小知识？

3．感悟：读一读下面这段话，谈一谈感受。

中国传统四大菜系都有其独特的标志。鲁菜的特点是技法全面，粤菜的特点是食材广泛，川菜的特点是调味多样，淮扬菜的特点是刀工的精细。扬州厨刀堪称天下第一刀，以刀工精细而著称，对于菜肴的刀工处理，几乎到了苛刻的地步。典型的菜肴有大煮干丝、文思豆腐、三套鸭。淮扬菜经过时间的雕琢，以其独特的口味、典雅的菜式享誉中华，闻名世界。

4．实践：小组同学讨论，烹调下列菜品时，刀工有什么作用？

凉拌土豆丝

熘鱼片

香葱豆腐

凉拌藕片

红烧肉

白切鸡

文思豆腐

蓑衣茄子

创意黄瓜

任务二

刀具种类与用途

任务导读

在石器时代，先民们利用坚硬的石块磨成较早的刀具，称为“石刀”。在远古时代，人们在长期的劳动和生活中，还利用野兽的骨头磨制成“骨刀”，较原始的刀具主要用来打猎和切割食物。到了“铜器时代”，人们铸造出铜刀、铜锅等烹调用具，推动了人类烹调技术的发展和进步。随着人类社会的发展，人类进入“铁器时代”，先后制造了铁刀、钢刀。钢刀具有造型美观、坚硬锋利、携带方便的特点，很受家庭主妇和专业大厨的青睐。

相关知识

一、烹饪刀具的定义

烹饪刀具指专门用于切割食物的器具。

二、刀具的种类和用途

（一）切刀

切刀属于通用刀型，在切配中用途较为广泛，刀身略宽，长短适中，分量适中，适合于切。主要用于将软嫩、脆嫩或带有软骨、小骨、筋络、皮的动植物性原料加工成丝、条等。如切土豆丝、切肉丝、斩鸡块等。

（二）片刀

片刀重量较轻，刀身较窄且薄，刀口锋利，使用灵活方便。主要用于将软嫩、脆嫩无骨的动、植物性原料加工成片、丝、条、丁等基本形状。材质多为铁或不锈钢。分为刀窄而刃呈弓形的羊肉片刀、刀窄而刃平直的烤鸭片刀、刀宽薄而刃平直的干丝片刀等。

（三）砍刀

砍刀刀身厚重，形状有圆头、方头等造型，刀身重、刃厚、刚深、质硬，适合于砍，主要用于加工一些形体较大、质地坚硬、经络较多的烹饪原料，如猪头、鱼头、大排、棒骨、猪蹄等。

（四）前切后砍刀

前切后砍刀前薄后厚、前高后低，斩切两便，又称文武刀。用途广泛，前面可以切精细的原料，后面可以斩带骨的原料，但只能斩小骨，如鸡骨、鸭骨，不能斩较大的硬骨。

（五）特殊刀具

特殊刀具种类很多，如剔骨刀、雕刻刀、馅刀、尖刀、刮刀、镊子刀、锯齿刀、西餐刀、剪刀、刨皮刀、模具刀、花刀等。

三、选择刀具的要求

（一）刀刃锋利

刀刃要求锋利、平直、无缺口。菜刀的锋利是由材料、开刃方法决定的。

（二）使用舒适、安全

刀把设计要人性化，要求手感好、牢固，没有裂缝，手握舒服。刀身要求光滑而平展，没有裂纹和毛刺。刀把要有防滑功能，不会脱手伤人。

四、刀具的日常保养

各种刀具使用恰当。用刀时仔细谨慎，爱护刀刃，合理使用刀刃部位，落刀遇到阻力时，不得强行操作，防止伤手或损坏刀刃。用刀后，擦干刀上的水分。刀具存放整齐、有序固定，挂在刀架上或放入刀箱内。严禁将刀砍在菜墩上。气候潮湿的季节，刀身涂抹一层植物油，以防生锈。定期磨刀。

学思悟践

1．学习：整理所学知识，制作本部分知识思维导图。

2．思考：你还见过哪些烹饪刀具呢？

3．感悟：读一读下面这段话，谈一谈感受。

“一把菜刀走天下”。刀工，是一名优秀厨师的基本功。中餐厨刀样式较多，常见的片刀，刀体宽大，刀刃锋利，不仅能够运用“切、片、剁、捶、拍”等多种刀法将各种原料加工成精细的形状，而且使加工后的原料便于运送。正所谓极致的技术，只需要极简的工具。中国一代一代的厨师，凭借其貌不扬的菜刀走南闯北，将一个个普通的食材加工成丰富多彩的菜肴，就如中国菜刀一样，低调而有力量，朴实而成就非凡。

4．实践：小组活动，到实训室认识各种烹饪刀具，填写《实训报告书》（附录1）。

任务实施

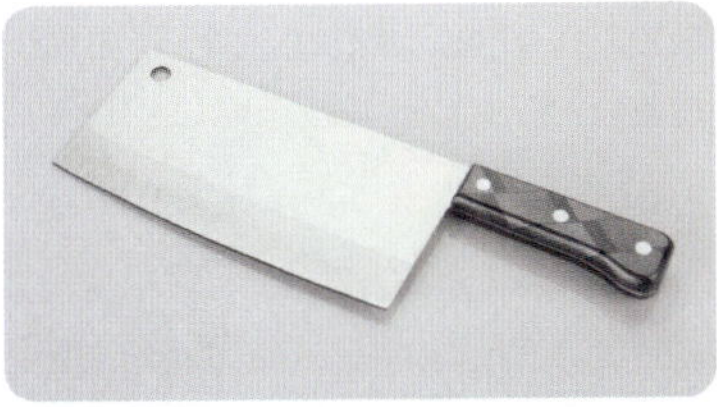
切刀

砍刀

剔骨刀

前切后砍刀

前切后砍刀

烤鸭片刀

任务三

刀具磨制与保养

任务导读

俗话说“三分手艺七分刀”，刀具的锋利，是使原料光滑、完整、美观的根本保证，也是刀工操作多快好省的条件之一。刀锋的锋利是通过磨刀及其科学保养来实现的。磨刀看似简单，其实很考验耐心和技巧。如果小细节掌握不好，就会造成刀磨不快，耽误切配的效率，且缩短刀具寿命。作为烹饪学子，掌握正确的磨刀技巧是必备的烹饪技能。

相关知识

一、磨刀工具的种类

常见磨刀工具有磨刀石、磨刀棒。

粗磨石由黄砂石料或红砂石料凿成，质地松粗，多用于新刀开刃和磨有缺口的刀。细磨石由青砂石料凿成，质地坚实，不易损伤刀口，多用于磨刀刃锋利的切片刀。油石属于人造石，有粗、细之分，呈长条形，使用方便，易于保管，使用方法同粗磨石、细磨石。磨刀棒为金属材质，磨刀棒只能用于磨制刀具的刀刃，使刀刃变得更加锋利，去除刀刃处细微不光滑的地方。

二、刀具的磨制

（一）磨刀的准备

磨刀前，先将刀面上油污擦拭干净，以免磨刀时打滑伤手。然后将磨刀石放在磨刀架上，高度以磨刀者身高一半为宜，磨刀石前面比后面略低。磨刀石旁边准备一盆清水或温盐水。

磨刀前准备工作

（二）磨刀的姿势

磨刀时两脚分开，一前一后站稳，前腿略弓，后腿绷直，胸部稍前倾，收腹，右手持刀把，左手按住刀身前端，刀口朝外，将刀放在磨刀石上。

（三）磨刀的方法

1. 横向磨刀法

将磨刀石浸湿，刀面上淋水，将刀面紧贴磨刀石面，刀面后部稍抬起，向前推、向后拉结合，用力均匀。当砂面起砂浆时再淋水。刀的两面、前中后部位要轮流均匀磨到。

横向磨刀法

2. 竖向磨刀法

左手握紧刀背，右手握紧刀把，先将刀刃与磨刀石贴近磨制，再将菜刀转一面，右手握紧刀背，左手握紧刀把，将刀刃贴近磨刀石磨制。

竖向磨刀法

（四）磨刀的检验

磨刀完毕，刀面平整、无锈迹，将刀刃朝上迎着光线观察，刀刃上原有白线消失，无卷口或毛锋现象，用原料试锋时无滞涩感。初学者切莫将手指放在刀刃上划动，以免割伤。如果刀口朝一面倾斜，甚至卷边，是两面磨制时间不同造成，应重新磨。如果刀背及靠近刀把的一侧有刃口，应用粗磨石磨圆防止伤手。

三、磨刀石的保养

新磨刀石要放在清水或盐水中长时间浸泡，使磨石处于湿润的状态，正式磨刀时能保护刀刃光滑、细腻、锋利。磨刀的过程中刀刃一定要推向石的前端，磨石两端应经常变换方向，若长时间在磨石的中间来回推拉，会使磨石中间凹四周高，影响使用寿命。不同的刀具选用不同的磨石，这样既可以保护刀具又可以保护磨石。磨刀石使用后立即洗净晾干，用干净布料包好存放。

学思悟践

1．学习：整理所学知识，制作本部分知识思维导图。

2．思考：哪些情况下需要磨刀？

3．感悟：读一读下面这段话，谈一谈感受。

“中国刀王”陈当华，一生只做一件事。在老一辈人的记忆当中，有这么一种职业：磨刀师傅，他们穿梭于大街小巷当中，磨钝了的菜刀和剪刀。如今，随着生活水平的提高，磨刀师傅这个职业也逐渐淡出人们的视线。而陈当华却始终没有放弃这门手艺，他日复一日地坚持，磨出的刀非常锋利，找他磨刀的人越来越多，甚至需要提前预约，价格也很高。如今，我们要继承和发扬传统工艺文化，无论什么行业都要干一行、爱一行。

4．实践：小组同学进行磨刀训练，填写《实训报告书》（附录1）。

任务实施

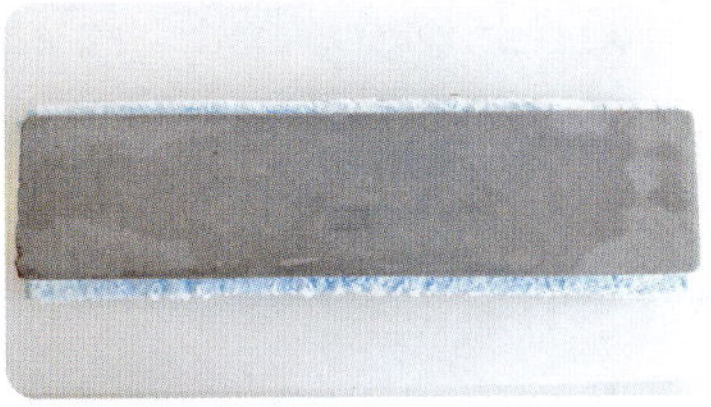

磨刀石垫毛巾摆放

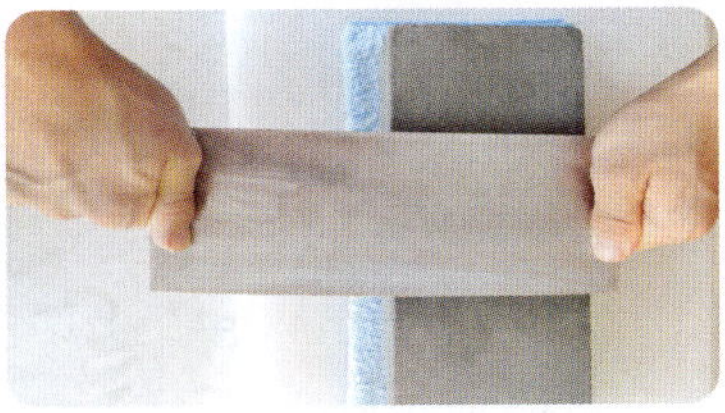

右手持刀柄磨刀

左手持刀柄磨刀

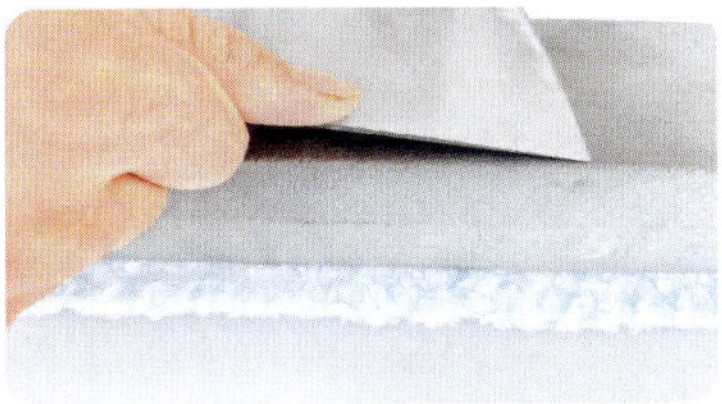

刀与磨刀石的角度

擦拭水迹

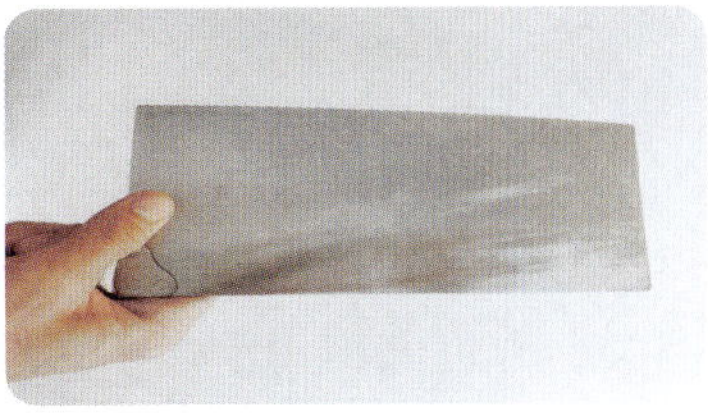

磨刀后检验

任务四

砧板使用与保养

任务导读

古人在美食处理上的智慧可是出了名的。先人在新石器时期就发明了简单的研磨器来处理食材，这就是砧板的前身。进入封建社会，大小石块进化成了原始的菜墩子，再逐渐演变出简单的木质砧板。砧板的材质也在不断更迭，这都是广大劳动人民的智慧。

相关知识

一、砧板的定义

砧板，是对原料进行刀工操作时的衬垫工具。

二、砧板的种类和特点

（一）木质砧板

木质砧板具有厚实、有韧性、有刀感、不伤刀、不易变形、材料纯天然、价格实惠、通透性好的优点，但吸水性强，保养不当容易发霉，产生的刀痕易藏污纳垢。

（二）竹质砧板

竹质砧板具有结实、容易风干、不容易发霉、不容易开裂或掉渣、不容易有异味、清洁方便的优点。但竹质砧板厚度不够，多为拼接而成，使用时经不起重击。

（三）树脂砧板

树脂砧板具有易清洗、易风干、不发霉、价格低、轻便等优点。但质地较硬、伤刀、不适合切硬物、不耐高温、易变形、容易产生刀痕、清洗不干净也会藏污纳垢、使用寿命短。

三、砧板的选择和使用

1．木质砧板

最好选择皂角树、橄榄树、银杏树、榆树、柳树等材料来做，这些树的木质坚密。不能用太硬的木材，如檀木等，因食材在木墩上会弹起，容易伤手。不能用太软的木材，如松木等，因木材太软会咬刀，操作不便，且容易产生木屑污染原料。不能用有味的木材，如樟木等，因木材产生异味会污染原料。木质新砧板可以在盐卤中浸泡或不时地用水和盐涂在表面以使木质收缩变得更结实、耐用。使用过程中要经常转动菜墩，使各部位都能使用到。每次使用结束要将墩面刮净、刷净、擦净、晾干，不可暴晒。

2．树脂砧板

使用时要减少食物之间的交叉污染。一般会根据原料的种类及性质选用不同颜色的砧板，如红色砧板用于加工生畜肉类，绿色砧板用于加工蔬菜水果类，黄色砧板用于加工生禽肉类，棕色砧板用于加工熟肉类，蓝色砧板用于加工水产品、海鲜类，白色砧板用于加工即食食品。

学思悟践

1．学习：整理所学知识，制作本部分知识思维导图。

2．思考：你见过哪些种类的砧板？

3．感悟：读一读下面这段话，谈一谈感受。

厨房里，小张和小王吵了起来。原来当天下午，店里非常忙碌，小张情急之下用了小王的菜墩切了海鲜。小王发现了，说这个不能切海鲜。小张认为是在故意刁难他，于是发生了争吵。厨师长告诉小张，砧板确实是分开使用的，如果混用，容易造成细菌的交叉感染。小张想起在学校的时候老师讲过这个知识，认识到了自己的错误，并主动将用过的砧板清洗干净。下班后，小张还和同事们一起在不同的砧板上做了标记，方便取用。

4．实践：认识砧板并对砧板进行清洁和保养，填写《实训报告书》（附录1）。

任务实施

木质砧板

木质砧板

竹质砧板

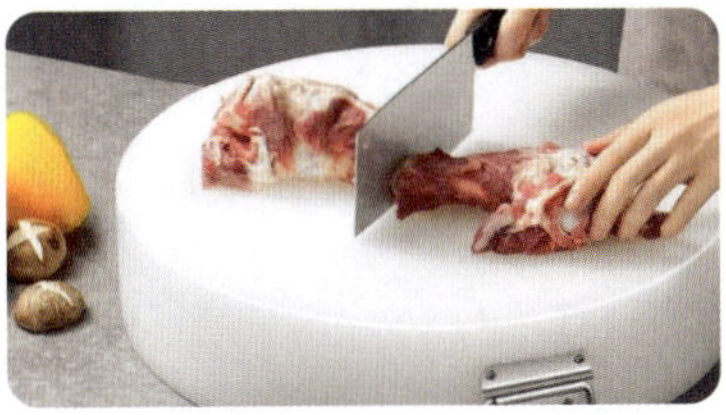
树脂砧板

树脂砧板

不锈钢砧板

任务五

刀工姿势与操作

任务导读

刀工是比较细致、劳动强度较大的技能，除了平时锻炼身体，保证健康的体格，有较耐久的臂力和腕力，还要掌握正确的刀工操作姿势。

刀工的基本操作规范是既能够方便操作，有利于提高工作效率，又能减少疲劳，有利于身体健康。

相关知识

一、刀工前准备

（一）操作台位置

刀工操作台空间要宽松，尤其操作时无人碰撞。根据操作人员的身高灵活调整操作台的高度，一般操作台与操作者腰部同高。

（二）工具摆放位置

刀工操作时刀具、砧板、净料盛器、杂料盛器、抹布、水盆等摆放于工作台上，要求方便、整洁、安全、卫生、有序。菜墩放置的高度以方便操作为准。

（三）清洁卫生工作

刀工操作前，特别是制作冷菜及不经加热烹调的菜肴时，应对双手及操作台进行清洁、消毒。手部用浓度为75%的酒精擦拭，各类工具可采用蒸汽消毒、煮沸消毒、二溴海因溶液消毒等不同方法进行消毒杀菌。

二、刀工操作站立姿势

刀工操作时，上身略向前倾，前胸稍挺，头端正、微颔。双眼正视两手操作位置，腹部距砧板10cm左右距离，双脚自然分开呈外八字、丁字或呈稍息姿势。始终保持身体重心稳定，方便上肢自由活动。不得歪头、拱腰、驼背、前倾、后仰、手动、身移动、重心不稳等。操作时注意力要集中，目光注视菜墩上两手操作的部位，要时刻注意左右手的配合。

三、刀工操作手部姿势

左手扶料，中指第一关节弯曲顶住刀身，控制刀距。食指和无名指略弯曲，垂直朝下用力，控制原料不移动。小拇指自然弯曲，配合无名指和食指。大拇指起支撑作用，避免重心集中在中指上。手掌紧贴砧板，让重心集中到手掌上。五指和手掌随刀的起落均匀向后移动。

正确用刀手法

右手握刀，拇指和食指捏住刀箍，握刀姿势根据原料的形状、质地、刀法灵活掌握，要求稳、准、狠，操作时做到“牢而不死，软而不虚，硬而不僵，轻松自然，灵活自如”。

学思悟践

1．学习：整理所学知识，制作本部分知识思维导图。

2．思考：刀工操作时有哪些注意事项?

3．感悟：读一读下面这段话，谈一谈感受。

一个中国小伙，一心钻研厨艺，为了追求自己的烹饪梦想，毅然前往法国巴黎学习厨艺。他在工作的过程中，遇到外国同事说中国的菜刀看起来如此笨重，不如法国的菜刀好用。面对同事的歧视，这位中国小伙与外国同事进行了一场刀工比赛，改变了同事对于中餐菜刀的看法。同时，由于他的努力，加入了法国餐饮协会，里面有来自世界各国的名厨，也逐渐让世界更加了解中餐，感悟中餐的魅力。让中餐文化被世界知晓，是我们每个烹饪学习者的职责。

4．实践：结合所学知识与技能进行刀工操作训练，填写《实训报告书》(附录1)。

任务实施

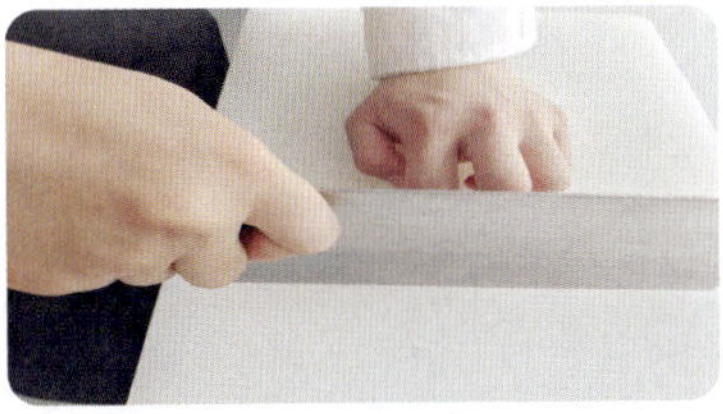

正确的姿势

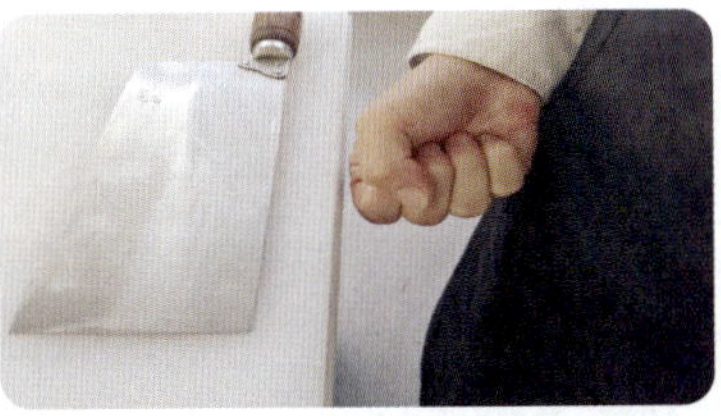

正确的姿势

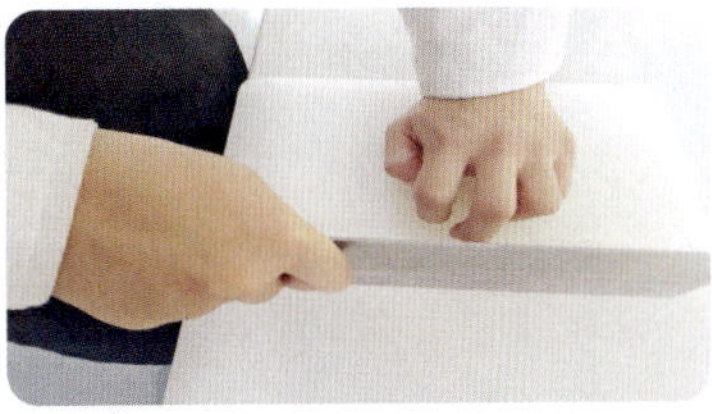

正确的姿势

正确的握刀姿势

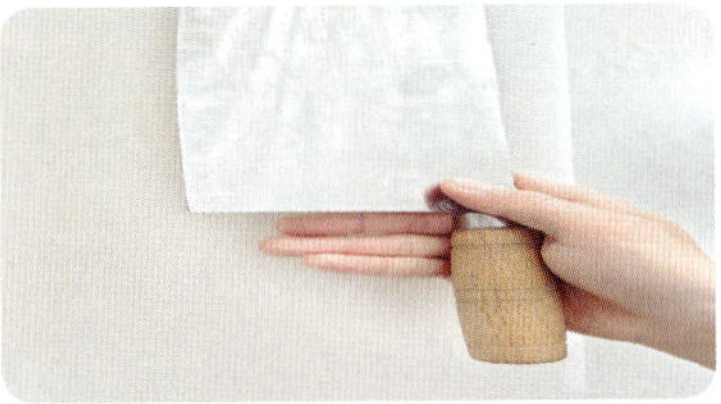

正确的握刀姿势

正确的握刀姿势

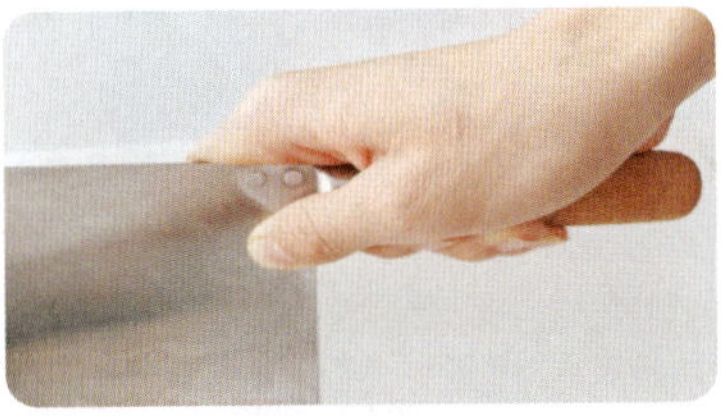

正确的握刀姿势

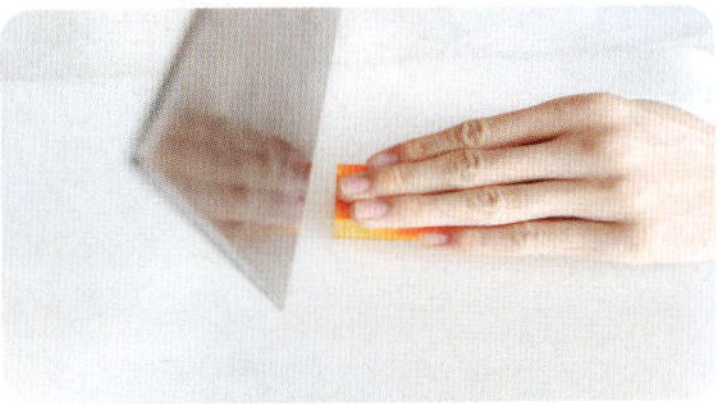

错误的握刀姿势

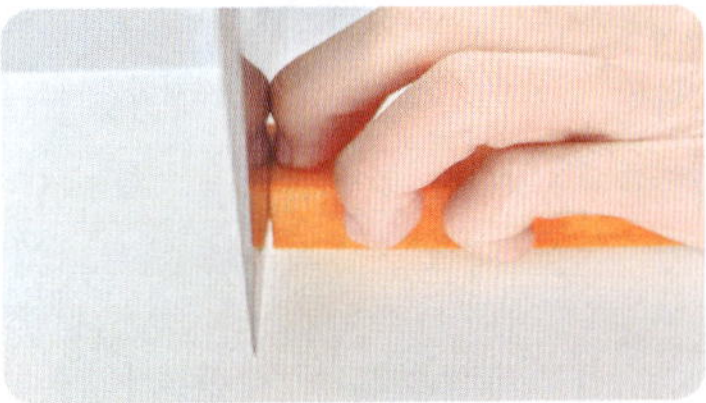

正确的用刀姿势

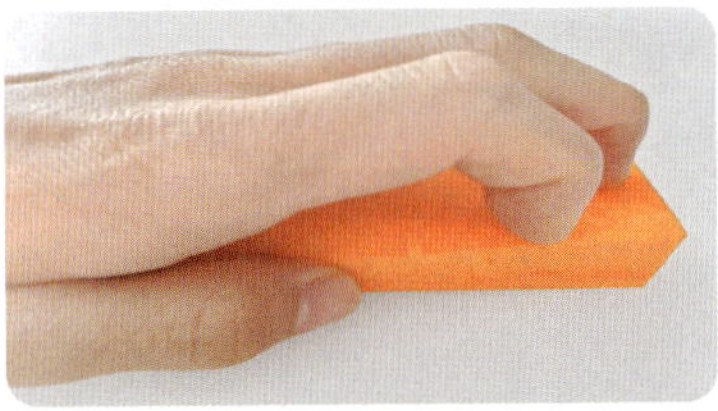

正确的扶料姿势

正确的扶料姿势

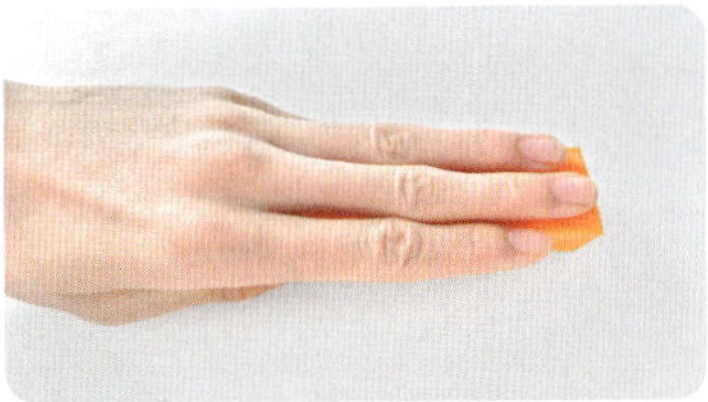

错误的扶料姿势

项目总结

本项目学习了刀工的基础知识，认识了各种烹饪刀具，了解各种刀具的用途、掌握了刀具磨制与保养方法、砧板使用与保养方法、经训练能达到刀工操作的规范要求。

项目考核

一、职业能力应知题

1. 在烹饪行业有“________”的说法。

2. ________的好坏也是衡量一个厨师厨艺高低的重要标准。

3. ________强调的是用刀具切割原料的过程。

4. ________强调的是运用刀具切割原料的具体方法，是刀工技法的具体体现。

5. 原料经刀工处理，大小适中，方便________和________，促进消化吸收。

6. 经刀工处理，在正式烹调时能使出品成熟度一致，达到________、________、________等效果。

7. 刀工的选择应________、________、________。

8. 相同原料处理________，不同原料合理用刀，主辅料搭配和谐。

9. 加工后的原料________、________、________，有助于美化菜肴形态。

10. 操作时做到随时清洁，生熟食材选用不同砧板，做到________、________。

11. 食材应统筹安排，精打细算，做到________，________，避免浪费。

12. ________刀重量较轻，刀身较窄且薄，刀口锋利，使用灵活方便，适合于切。

13. 常见磨刀工具有磨刀石、________。

14. ________砧板吸水性强，保养不当容易发霉，产生的刀痕易藏污纳垢。

15. 手部用浓度为________的酒精擦拭。

16. 刀工操作要做到“牢而不死，软而不虚，________，轻松自然，灵活自如”。

17. 红色砧板用于加工________类，绿色砧板用于加工________类，黄色砧板用于加工________类，棕色砧板用于加工________类，蓝色砧板用于加工________、________类，白色砧板用于加工________。

二、职业能力应会题

1. 简述刀工的作用。

2. 简述刀工的基本要求。

3. 简述常见的刀具的种类和用途。

4. 区分横向磨刀法和纵向磨刀法的不同。

5. 进行磨刀石的保养。

6. 简述常见的砧板有哪些种类，各有什么特点。

7. 简述砧板的选择和使用有哪些要求。

8．刀工操作前的准备工作。

9．在刀工操作时正确站立。

10．正确进行刀工操作。

三、职业能力应用题

1．能独立介绍各种刀的特点及用途。

2．能独立正确地选择各种刀具。

3．能独立进行刀具的日常保养。

4．能独立进行刀具的磨制操作。

5．能独立进行磨刀的检验。

6．能独立对磨刀石进行保养。

7．能独立介绍各种砧板的特点及用途。

8．能独立根据烹饪工作实际选择合适的砧板。

9．能独立进行刀工操作前的准备工作。

10．能独立且正确地进行刀工操作。

项目二　直刀法

项目导读

直刀法是指刀与砧板或刀与原料接触面垂直的行刀技法，是烹饪中最常用的一种刀法。根据用力大小程度不同，可分为切、剁、砍等。

切是左手扶稳原料，右手持刀，近距离从原料上部向原料底部运动的刀法。切可分为直刀切、推刀切、拉刀切、锯刀切、滚料切、铡刀切。

剁是用力于小臂，刀刃距料5cm以上垂直用力，迅速击断原料的刀法。剁可分为单刀剁、双刀剁、单刀背捶、双刀背捶、刀尖（跟）排。

砍是借用大臂力量，将刀高扬，猛击原料的刀法，砍可分为直刀砍、跟刀砍、拍刀砍、拍刀。

学习目标

1. 掌握直刀法的相关知识。
2. 能熟练运用所学直刀法知识与技能切配不同食材。
3. 培养具有耐力和稳定刀法的学习意志品质。

实训任务

直刀切、推刀切、拉刀切、锯刀切、滚料切、铡刀切、单刀剁、双刀剁、单刀背捶、双刀背捶、刀尖（跟）排、直刀砍、跟刀砍、拍刀砍、拍刀。

任务一 直刀切

任务导读

酸辣土豆丝作为一道家常菜，深受大众喜爱。一盘成功的酸辣土豆丝，不仅酸辣恰到好处，而且切出的土豆丝长短一致。烹饪酸辣土豆丝，看似简单，却需要不断努力练习，土豆丝一般使用直刀法进行切配。

相关知识

一、定义

直刀切，又称跳切，是刀与砧板垂直上下运动将原料切断的刀法。

二、适用原料

适宜加工脆性原料、无骨原料，如油菜、白菜、鲜藕、荸荠、莴苣、萝卜、冬笋、土豆、茭白、里脊肉、鸡胸肉等。

三、切配方法

左手扶料，手指分开按稳原料，指尖向后收缩，靠指尖第一个关节向前凸出顶住刀身，手指呈螃蟹式，等距离地从右向左移动。右手握刀，要稳，力量适中，刀身与砧板始终保持垂直状态，不可左右摇晃。刀身紧贴原料，用刀刃中前部分对准原料被切部位，刀体从上到下垂直落下，不能偏斜，将原料切断。切时利用腕部力量，灵活有力。

四、工艺要点

左手等距离移动是确保成品完整、厚薄均匀的关键。每刀必须将原料切断。两手配合协调，灵活自如，行刀稳健有力，握刀牢而不死。

学思悟践

1. 学习：整理所学知识，制作本部分知识思维导图。

2. 思考：直刀切操作过程中有哪些注意事项？

3. 感悟：读一读下面的文字，谈一谈感悟。

中国菜刀始于石刀。原始社会，人类为了切开动物皮肉会将一些自然形成的石头打磨成刀具。后来，人类掌握了青铜器的冶炼技艺，打开了刀具制作的新时代，刀具从石质厨刀逐渐转化为青铜厨刀，青铜厨刀更加坚韧，这既是生产力的提高的表现，也是人类进入文明时代的标志。在商周时期的遗址当中，出土了一些青铜刀具。庖丁解牛的故事里，描述了古人可以对牛的不同部位进行分割，验证了青铜厨刀能够满足当时人们对于食材的切割要求。

4. 实践：结合所学知识与技能进行直刀切技能训练，填写《实训报告书》(附录1)。

任务准备

仪容仪表：依据实训要求着工作服，做好个人清洁、消毒、安全防护。
实训工具：准备实训必备工具及砧板1个、毛巾1条、菜刀1把、削皮刀1把、瓷盘4个。
实训原料：番茄、口蘑、西芹、胡萝卜等。

任务实施

左手扶稳原料，指尖后缩，关节顶住刀身，右手出刀要垂直于砧板，动作要快，防止汁液挤出，切好后轻拿轻放。

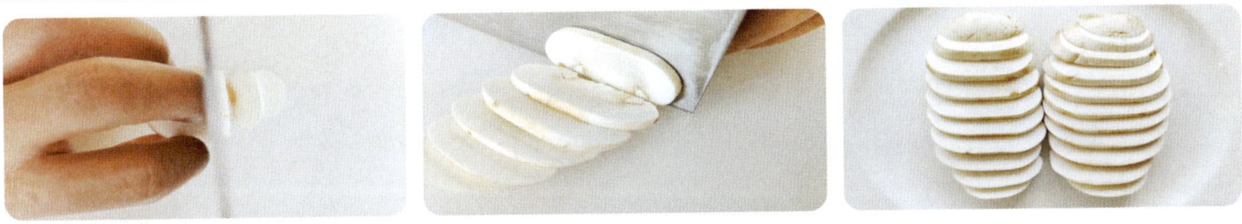

首先将口蘑根部去掉。然后左手扶料，右手切片，确保厚度一致。第一刀和最后一刀要灵活掌握厚度和大小。

左手全手掌辅料，切前目测整体长度计划切成几段，切时左手五指随时将原料拢紧。成品要求长度一致、厚度一致、宽度一致。

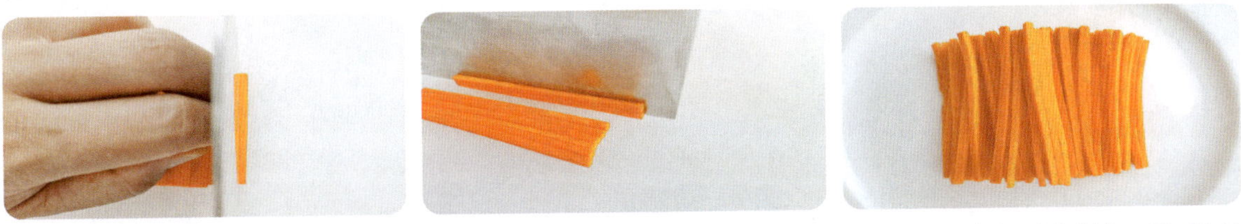

当原料较短时，左手扶料时要注意安全，右手行刀，刀要垂直于砧板或原料，认真观察，确保厚度符合要求时再下刀。

直刀切：番茄

直刀切：口蘑

直刀切：西芹

直刀切：胡萝卜

任务二

推刀切

任务导读

干煸牛肉丝作为四川传统名菜，广泛流传于各地。烹饪干煸牛肉丝时，要求牛肉整形而不断，干香滋润，酥软化渣，便于食用。这就要求在菜肴原料的处理过程中，运用推刀切技法，斜着牛肉肌理切丝（横切易断，顺切绵韧）。

相关知识

一、定义

推刀切，是刀身与砧板垂直，刀具自上而下、沿左前方向右后方推切，将原料切断的刀法。

二、适用原料

一般用于加工易散碎或韧性较强的原料，如豆腐干、里脊肉、猪肝、羊肉、牛肉等。通过推切可以将韧性纤维切断。

三、切配方法

左手按料方法与直刀切相同，向左后方等距离移动。右手握刀，握刀要稳，力量适中，不可左右摇晃，由上而下运刀，结合由里向外推的动作，着力点在刀后端，要求一刀切到底，同时刀顺势向外侧斜倾一下，切出的料不连刀且排列整齐。保持刀与原料垂直，确保断料效果。通过右手的起伏摆动，使刀产生一个小弧度，加大刀在原料上的运行距离。

四、工艺要点

左手按料不能滑动，否则原料成形不整齐。用力要充分有力，克服“连刀”的现象。调整手腕和小臂用力，手腕关节要灵活。

学思悟践

1. 学习：整理所学知识，制作本部分知识思维导图。

2. 思考：推刀切操作过程中有哪些注意事项？

3. 感悟：读一读下面的文字，谈一谈感悟。

在距今四千多年前的山西陶寺遗址当中，出土了斧、凿、铲、刀等生产工具，随葬的一些陶器有灶、罐、盆、盘等。陶寺的居民过着长期定居的农业生活，生产力的发展使社会产品丰富起来。出土的石制菜刀被世界公认为最早的菜刀，和如今四四方方的厨刀有些不同，菜刀刀头类似于“V”字形，这是菜刀最原始的形状。与其一起出土的还有木制砧板，并且有砍过猪骨的痕迹。充分证明当时人类利用石头打磨成锋利的石刀用来切割食物。

4. 实践：结合所学知识与技能进行推刀切技能训练，填写《实训报告书》（附录1）。

任务准备

仪容仪表：依据实训要求着工作服，做好个人清洁、消毒、安全防护。
实训工具：准备实训必备工具及砧板1个、毛巾1条、菜刀1把、削皮刀1把，瓷盘4个。
实训原料：猪腰、豆腐干、瘦肉、胡萝卜。

任务实施

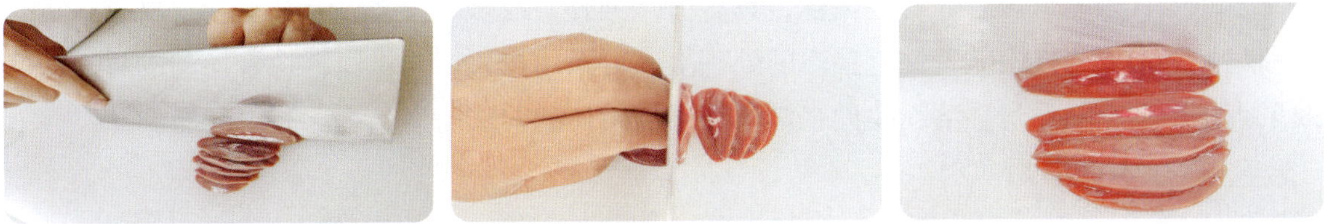

左手按料要稳，运用刀法向左后方等距离移动。右手下刀切开后，顺势翻刀，使猪腰脱离刀身，成品厚度一致。

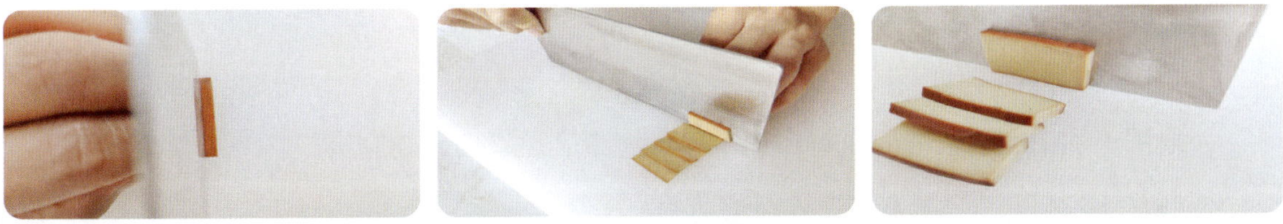

左手按料，右手握刀要稳，力量适中，运刀方向由上而下，着力点在刀的后端，左手豆腐干剩下部分不多时要注意安全，成品薄厚均匀。

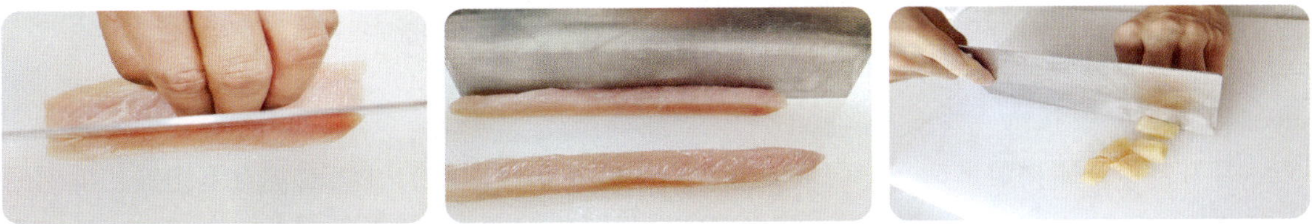

切瘦肉时，保持刀与原料垂直，要求一刀切到底，确保断料效果，同时刀顺势向外侧斜倾一下，使原料自然脱离刀身。切出的料不连刀。

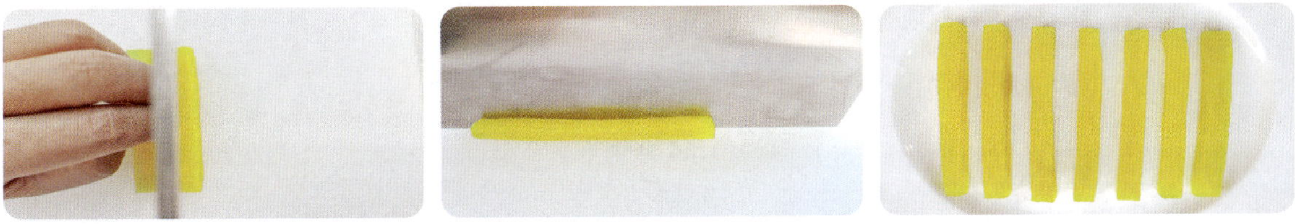

切胡萝卜时，动作熟练后随着右手的起伏摆动，使刀产生一个小弧度，加大刀在原料上的运行距离，提升效率，成品均匀一致。

推刀切：猪腰

推刀切：豆腐干

推刀切：瘦肉

推刀切：胡萝卜

任务三

拉刀切

任务导读

软炸里脊是北京著名的特色美食，具有口味鲜香、滑嫩可口等特点。主要食材是猪里脊肉和鸡蛋，主要烹饪工艺是炸。在肉的处理上，可采用拉刀切，将原料切成均匀的丝，切的效果直接影响菜品质量，下面我们来学习一下拉刀切的刀法。

相关知识

一、定义

拉刀切，又称拉切，是刀身与砧板垂直，刀具自上而下、同时结合由外向里拉的动作，将原料切断的刀法。

二、适用原料

一般用于加工韧性较强的原料，如千张、海带、通脊肉、鸡胸肉等。

三、切配方法

握刀方法和按料手法同推刀切。拉刀切与推刀切的运刀方向相反，即刀由左前方向右后方拉动，着力点的位置在刀的前端。切时左手第一个关节顶住刀身，以较慢的速度，由刀的中后端进料，先向前稍推再向后拖刀，实际是虚推实拉，以拉为主，刀的前端断料。刀刃不是同时接触原料的全部平面，是先接触重点部位，再接触其他部位。

四、工艺要点

握刀要稳，原料数量适当、码放整齐，左手运用指法向左后方移动，刀距相等，确保原料厚薄均匀。用力要均匀，将原料彻底拉开断开，这样拼出来的食材才会更加美观。调整手腕和小臂用力，手腕关节要灵活。

学思悟践

1．学习：整理所学知识，制作本部分知识思维导图。

2．思考：拉刀切操作过程中有哪些注意事项？

3．感悟：读一读下面的文字，谈一谈感悟。

李老师示范拉刀切操作刚刚结束，张满心就马上开始操作。然而，张满心发现里脊肉有时切不断，需要补切一次，而补切需要特意对准原来的切口……看着厚薄不一致、断口不整齐的肉丝，他只能向李老师求助。李老师又做了一次示范，并告诉他学技术，一定要先观察正确的操作方法、正确的手势、正确的位置等，然后才能训练。只有注重细节才能保证操作技能的准确性和稳定性。张满心认真看了示范并反复训练，熟练掌握了拉刀切的操作。

4．实践：结合所学知识与技能进行拉刀切技能训练，填写《实训报告书》（附录1）。

任务准备

仪容仪表：依据实训要求着工作服，做好个人清洁、消毒、安全防护。
实训工具：准备实训必备工具及砧板1个、毛巾1条、菜刀1把、瓷盘4个。
实训原料：瘦肉、鱿鱼、鱼肉、鸡肉。

任务实施

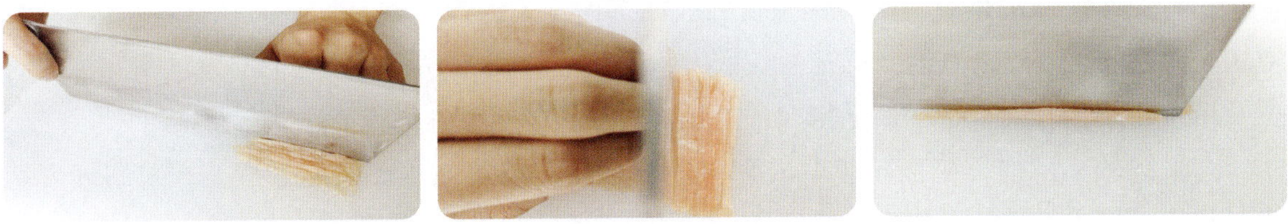

左手扶料，指关节顶住刀膛，右手将刀由左前方向右后方拉动，将原料切开。操作手法如图所示。

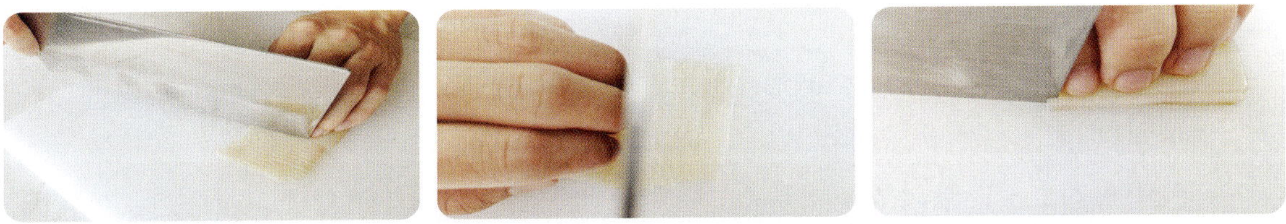

以较慢的速度，由刀的中后端进料，先向前稍推再向后拖刀，实际是虚推实拉，以拉为主，刀的前端断料。操作手法如图所示。

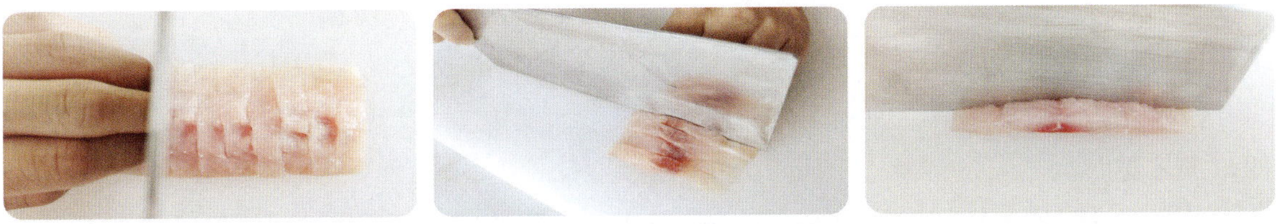

切时刀刃不是同时接触原料的全部平面，先接触重点部位，再接触其他部位。操作手法如图所示。

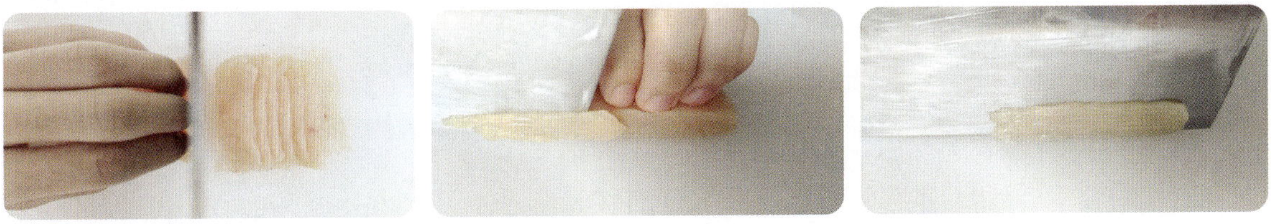

切时要注意刀距相当，确保成品厚薄一致。操作手法如图所示。

拉刀切：瘦肉　　拉刀切：鱿鱼　　拉刀切：鱼肉　　拉刀切：鸡肉

任务四

锯刀切

任务导读

相传，苏轼到杭州做官时，带领百姓成功抗击水灾。当地的百姓听闻他喜欢吃红烧肉，便送来大量的猪肉。为官清廉的他便让家人将收到的肉切成方块，按照他的方法制熟，然后分发给百姓品尝。大家吃后，觉得非常美味，故用他的名字命名为东坡肉。

东坡肉软而不烂，肥而不腻，成为中外闻名的传统美食。在肉的处理上，采用锯刀切法，将原料切成均匀的方块形。这样烧出来的肉质酥烂，味道醇厚。

相关知识

一、定义

锯刀切，又称锯切，指刀身与砧板或原料垂直，刀具来回推拉将原料切断的刀法。

二、适用原料

一般用于加工质地坚韧或松软易碎的熟料，如带筋的瘦肉、里脊肉、通脊肉、鸡胸肉、白肉、火腿、卤牛肉、面包等。

三、切配方法

左手扶料，右手持刀，刀身要紧贴原料，垂直下刀，将推刀切和拉刀切结合起来，像拉锯一样反复推拉切至原料切断为止。有时刀切入原料一半或2/3时用力切下去。一般刀刃不离开原料。在西式烹调时会使用锯齿刀进行。

四、工艺要点

要掌握推刀切和拉刀切的刀法，再将两种刀法连贯起来。运刀不宜过重，手腕灵活，运刀要稳，收刀干脆，动作连贯协调。对易碎、裂、烂的原料，应酌情增加切的厚度，保证成形完整、一致。

学思悟践

1．学习：整理所学知识，制作本部分知识思维导图。

2．思考：锯刀切与推刀切、拉刀切之间有什么联系？

3．感悟：读一读下面的文字，谈一谈感悟。

酱牛肉是内蒙古呼和浩特著名的特色菜肴，不仅享誉内蒙古各地，更闻名全国。酱牛肉色泽酱红，油润光亮，肉质紧实，咸淡适中，酱香浓郁，不硬不柴，口感醇厚，软烂而富有弹性。对于生肉，用锯刀法切软的肥肉，就能切得光滑。对于熟肉，先用锯刀法下刀，切开表面软的肥肉，再用直刀法切瘦肉，这样切出来的熟肉不碎不烂，整齐好看。

4．实践：结合所学知识与技能进行锯刀切技能训练，填写《实训报告书》（附录1）。

任务准备

仪容仪表：依据实训要求着工作服，做好个人清洁、消毒、安全防护。
实训工具：准备实训必备工具及砧板1个、毛巾1条、菜刀1把、瓷盘2个。
实训原料：酱牛肉、烧饼。

任务实施

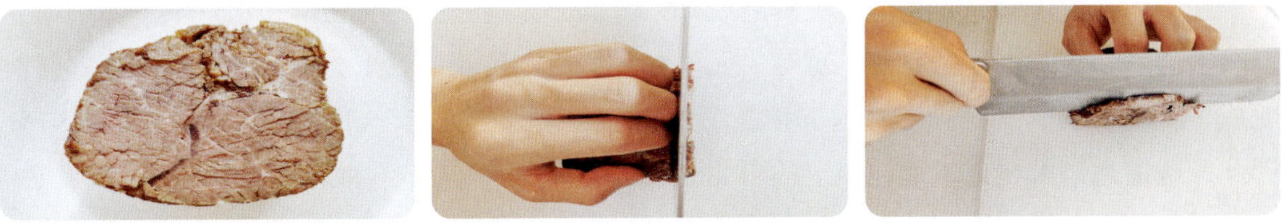

左手扶料，指端用力按住酱牛肉，手指弯曲，腕部抵住砧板以固定牛肉。右手持刀垂直于砧板和酱牛肉，垂直下刀。

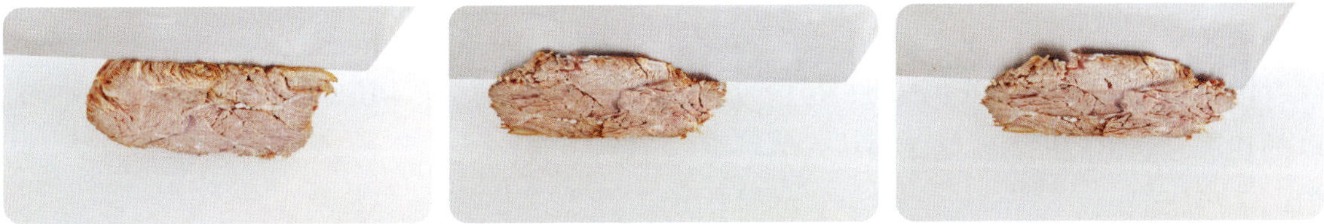

使用推刀切和拉刀切结合的方法，反复推拉切到底部，不可用力过大，以防变形，反复多次将牛肉切成厚薄一致的片。切后无碎渣，大小均匀。

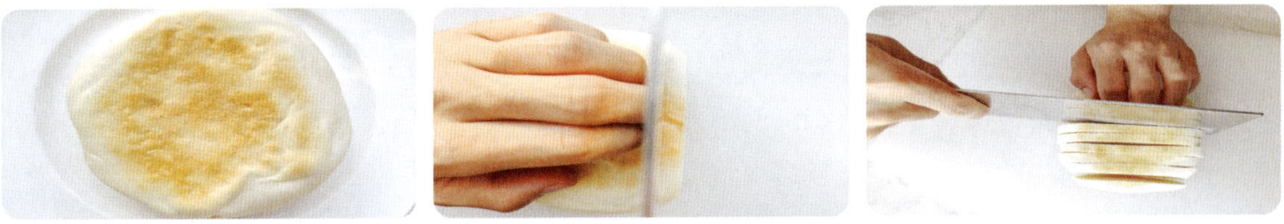

左手扶料，右手持刀，垂直下刀，用力不宜过大，刀距适当加大，增加厚度，以免粉碎或掉渣。

从刀的中前部移动到中后部，反复推拉切，动作连贯灵活。如果烧饼较硬，不可左右晃刀，以确保成形完整、一致。

锯刀切：酱牛肉

锯刀切：烧饼

任务五

滚料切

任务导读

在中国古代民间，有立夏尝三鲜之说，三鲜又分为地三鲜、树三鲜和水三鲜。所谓地三鲜，指的就是新鲜下地的时蔬：苋菜、元麦和蚕豆。之后流传到东北，地三鲜中的三鲜就演变成了土豆、茄子和辣椒。把这三种蔬菜炒在一起，味道更佳，口感清新浓郁，营养丰富。因此，这道地三鲜也成了地地道道的东北名菜。

地三鲜，色泽油亮，咸鲜适口，味道醇厚。在食材的刀工处理上，将原料切成滚料块。

相关知识

一、定义

滚料切，又称滚刀切、滚切，是指刀与砧板和原料垂直，所切原料随刀的运动而不断滚动的切法，切出的原料称为滚料块。

二、适用原料

一般用于加工质地脆嫩、体积较小的圆形或圆柱形的植物原料，如萝卜、笋、土豆、黄瓜、茄子、山药、莴笋、茭白等。

三、切配方法

左手控制原料，把原料向一个方向进行滚动，并按成形规格使其和刀保持一定斜度。右手握刀，刀身与砧板保持垂直状态，而不能与原料的横截面平行。运动速度与原料的滚动速度一致，每滚动一次切一刀，反复多次将原料切断。

四、工艺要点

当刀与原料形成的角度小时成形长，角度大时成形短。切同一种料形时刀的角度应基本保持一致，料形大小一致。双手动作协调，下刀准确，必须切断原料。

学思悟践

1. 学习：整理所学知识，制作本部分知识思维导图。

2. 思考：滚料切操作过程中有哪些注意事项？

3. 感悟：读一读下面的文字，谈一谈感悟。

早期的厨刀并不叫菜刀，而被称为“脍刀”。“脍”的意思是指细切的肉、鱼等。“脍刀”出现在唐朝末年，越州观察使刘汉宏和杭州刺史董昌发生战争，刘汉宏战败逃亡。逃亡的路上遇到追兵盘查，他声称自己是屠夫，追兵看到他的屠夫装扮以及带的脍刀，相信了他的话。到了元朝，切菜和切肉的刀具才统称为菜刀。

4. 实践：结合所学知识与技能进行滚料切技能训练，填写《实训报告书》（附录1）。

任务准备

仪容仪表：依据实训要求着工作服，做好个人清洁、消毒、安全防护。
实训工具：准备实训必备工具及砧板1个、毛巾1条、菜刀1把、削皮刀1把，瓷盘3个。
实训原料：红薯、黄瓜、里脊肉。

任务实施

左手扶料，右手持刀，刀垂直于原料，原料每滚动一次切一刀，刀的角度与红薯保持一致，确保料形大小统一。

左手扶料，右手持刀，用直刀法去黄瓜头尾。然后，刀向左手方向移动，左手顺势滚动黄瓜。

刀移动速度与黄瓜滚动速度一致，每滚动一次切一刀，反复多次将原料切断。成形大小均匀一致。

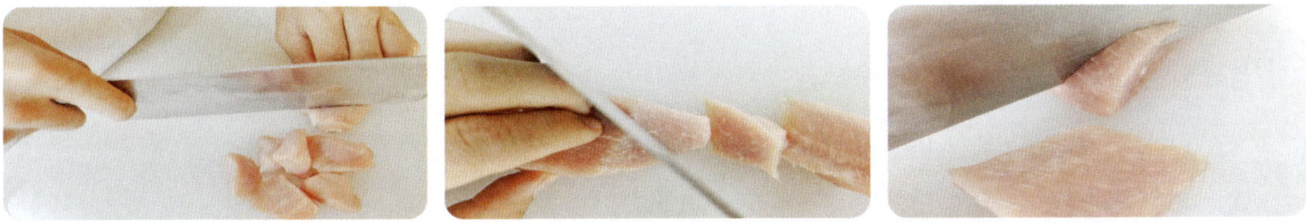

准备“滚料切”的里脊肉。左手扶料，右手持刀，下刀准确，原料每滚动一次切一刀，每次保证切断原料。直至切成均匀大小一致的肉块。

滚料切：红薯　　滚料切：黄瓜　　滚料切：里脊肉

任务六

铡刀切

任务导读

辣椒能给人味觉上的刺激，使得许多人钟爱辣椒。四川人爱辣椒，和气候有关，也和四川人尚滋味、好辛香的习惯有关，辣椒成为四川人必不可少的食物之一。辣椒、花生等体小易滑的原料适合铡刀切，适用于辣椒酱等酱料制作。

相关知识

一、定义

铡刀切是刀与砧板和原料垂直，刀的中端或前端部位压住原料压切下去的切法。铡刀切分交替铡切、单刀铡切、击掌铡切。

二、适用原料

一般用于加工形状较小、带壳、形圆、易滑以及带小骨的原料，如花生米、花椒、烧鸡、卤鸡、盐水鸭、螃蟹、带壳的蛋类等。

三、切配方法

（1）交替铡切　右手握刀柄，左手按住刀背前端，运刀时刀跟着墩，刀尖抬起；刀跟抬起，刀尖着墩。刀尖和刀跟一上一下交替铡切断料。

（2）单刀铡切　持刀方法同上，把刀刃平压住原料待切部位，用力铡切断料。

（3）击掌铡切　右手握刀柄，刀刃前端放在原料上，刀柄高于刀的前端，左手掌用力猛击前端刀背铡切断料。

四、工艺要点

下刀位置准确，压切时动作要快，做到干净利落，一刀切好，刀口光滑，保持原料整齐，内部汁液不溢出。刀刃要紧贴原料且均匀移动。

学思悟践

1．学习：整理所学知识，制作本部分知识思维导图。

2．思考：铡刀切操作过程中有哪些注意事项？

3．感悟：读一读下面的文字，谈一谈感悟。

宋朝经济的发展带动了餐饮业的发展，宋朝以前的厨刀多是尖头楔形，在当时已经不能满足厨师烹饪的需要。在一些出土的墓葬壁画里，清晰地镌刻着专门负责切割的厨娘。在河南下庄河出土的宋墓《庖厨图》上就可以看出，厨娘手中拿着一把长方形的厨刀在处理食材，壁画中可以清晰地看到厨刀的形状基本接近现在的刀具。

刀具的变化既反映出宋朝人对美食的追求，也反映出人类社会的进步。

4．实践：结合所学知识与技能进行铡刀切技能训练，填写《实训报告书》（附录1）。

任务准备

仪容仪表：依据实训要求着工作服，做好个人清洁、消毒、安全防护。
实训工具：准备实训必备工具及砧板1个、毛巾1条、菜刀1把、瓷盘3个。
实训原料：干辣椒、鱼头、花生。

任务实施

右手握刀柄，左手按刀背前端，刀尖和刀跟一上一下交替铡切断料。要注意动作要轻，防止辣椒崩散。

右手握紧刀柄，把刀刃平压住鱼头中间待切部位，两手同时向下用力铡切断料。

将花生放于案台，集中在一起。右手握刀柄，左手按刀背前端，刀尖和刀跟一上一下交替将花生切断，操作时防止花生迸溅。

在切的过程中，用刀将散落的花生碎汇集在一起，继续操作直至切成需要的规格。成品如图。

交替铡切：干辣椒

单刀铡切：鱼头

铡刀切：花生

任务七

单刀剁

任务导读

无锡肉骨头是一道传统名菜，色泽酱红、肉质酥烂、咸中带甜、肥而不腻。在处理原料时，将猪肋排放在砧板上，一刀剁断。

相关知识

一、定义

单刀剁，指右手拿一把刀，刀举起垂直向下用力将原料剁断的加工方法。

二、适用原料

一般用于脆性原料、韧性原料、部分较硬或带骨的原料，如白菜、葱、姜、蒜、猪排、白斩鸡、鸭及未完全解冻的肉类等。

三、切配方法

将原料放在砧板中间，左手抓住原料或扶住墩面，右手握刀，刀稍高于原料，刀口垂直向下，刀刃中前部位对准原料，以腕力为主，带动小臂上下摆动斩碎原料。当原料剁到一定程度时，用左手将原料拢起，右手使刀身倾斜将原料铲起归堆，再反复剁。对于较大原料，先切成厚片或小块。对于较硬或带骨的原料要一刀剁断，如再剁第二次，很难对准原刀口，使原料带有碎骨和碎肉。

四、工艺要点

用刀要稳、准，富有节奏，抬刀不可过高，以免将原料甩出，造成浪费。用力适度，动作轻快，不能使刀陷入砧板中。用温水沾刀可避免原料黏刀。

学思悟践

1. 学习：整理所学知识，制作本部分知识思维导图。

2. 思考：单刀剁操作过程中有哪些注意事项？

3. 感悟：读一读下面的文字，谈一谈感悟。

柯佳均同学在练习单刀剁时，由于担心伤到自己，他将排骨放在砧板上，刀落下时他头就歪向一侧。结果，有时候刀根本没有剁在排骨上，有时候没有剁开。看着大小不一的排骨，李老师告诉他："'食不厌精，脍不厌细'是孔府菜的饮食思想，也是中国饮食文化的精髓。我们在加工食材时要颗粒完整，尽可能精细，肉也尽可能切得薄、切得均匀。我们学习烹饪，要做到精益求精、技无止境，在追求技艺的道路上严格要求自己，不断提高自己的技术水平。"

4. 实践：结合所学知识与技能进行单刀剁技能训练，填写《实训报告书》(附录1)。

任务准备

仪容仪表：依据实训要求着工作服，做好个人清洁、消毒、安全防护。
实训工具：准备实训必备工具及砧板1个、毛巾1条、菜刀1把、削皮刀1把、瓷盘2个。
实训原料：大白菜、胡萝卜。

任务实施

将大白菜放于砧板中间，右手持刀，刀交替上下运动，抬刀不可过高。

剁到大白菜散开时，用刀将原料铲起归堆，继续剁，直至原料细而均匀。成品效果如图所示。

先将胡萝卜切条、改成丁。然后持刀上下反复将其切碎。操作手法如图所示。

操作时，刀要左右来回移动，方便将原料切匀，同时，勤翻原料。成品效果如图所示。

单刀剁：大白菜

单刀剁：胡萝卜

任务八

双刀剁

任务导读

焦熘丸子是一道非常经典的鲁菜，做法考究，炸熘操作不当，便没有它本身的味道。一般采用肥瘦相间的臀尖，团成肉丸，炸至金黄。入锅烹饪，一股焦香气味扑鼻而来，肉挂熘汁，味道可口。在猪肉的处理上，采用双刀剁技法，直至猪肉达到烹饪要求，加入调料，团成丸子形状。

相关知识

一、定义

双刀剁，又称排剁，指左右手各持一把刀，刀垂直向下频率较高地将原料加工成泥、蓉、末状的运刀方法。

二、适用原料

一般用于加工脆性原料、去骨后用于制作馅心的韧性原料，如白菜、葱、姜、蒜、牛肉、猪肉、鸡肉、虾肉及蔬菜等。

三、切配方法

将原料放在砧板中间，左右两手各持一把刀，刀身与墩面垂直，两刀间隔一定的距离，呈八字形。运用腕力和小臂力量，两刀有节奏地交替落刀，从左往右，再从右到左，两刀不相互碰撞。剁到一定程度时两刀各向相反方向倾斜，用刀将原料铲起归堆，继续排剁，勤翻原料，直至原料剁至细而均匀的泥蓉状。

四、工艺要点

用力大小适度，既要将原料剁断又不能使刀陷入砧板中。抬刀不可过高，避免将原料甩出，造成不应有的浪费。天冷时可将刀放温水中浸一下防止粘刀。

学思悟践

1. 学习：整理所学知识，制作本部分知识思维导图。
2. 思考：单刀剁和双刀剁有什么异同？
3. 感悟：读一读下面的文字，谈一谈感悟。

阳江市制刀历史悠久，可追溯至1400多年前。在早期，阳江是制作兵器的地方，制刀工艺传至民间，生产各种民用刀，奠定了阳江制刀业的基础。到清朝初时，形成了大规模的制刀坊，除生产菜刀外，同时还生产禾镰、镰刀、布剪、日用小刀、剪等，产品多是木柄的低档产品。从那时开始，阳江刀逐渐被人认识推崇，知名度日益提高。

4. 实践：结合所学知识与技能进行双刀剁技能训练，填写《实训报告书》(附录1)。

任务准备

仪容仪表：依据实训要求着工作服，做好个人清洁、消毒、安全防护。
实训工具：准备实训必备工具及砧板1个、毛巾1条、菜刀2把、瓷盘2个。
实训原料：鸡胸肉、大白菜。

任务实施

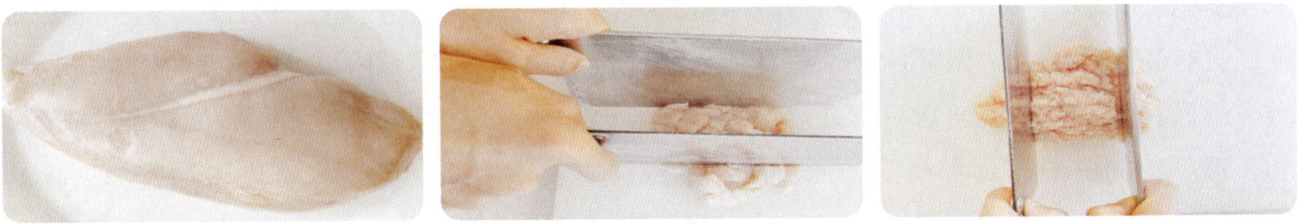

两手各持一刀，呈八字形，运用腕力和小臂力量，两刀有节奏地交替落刀，从左往右，再从右到左，两刀不相互碰撞。

用力大小适度，抬刀不可过高，避免将原料甩出，勤翻原料，以使原料剁得均匀一致。成品效果如图所示。

将大白菜放于砧板中间，左右手各持一刀，两刀间隔10～15cm，两刀交替上下运动。

剁到大白菜散开时，两刀各向相反方向倾斜，将原料铲起归堆，继续排剁，直至原料剁至细而均匀。成品效果如图所示。

双刀剁：鸡胸肉

双刀剁：大白菜

任务九

单刀背捶

任务导读

“吃鸡不见鸡，吃肉不见肉。”鸡豆花作为四川传统名菜，至今已有百年历史，看似简单，只有汤汁和豆花，但背后是烦琐的制作工序。鸡肉做成的豆花洁白细嫩，加上鲜美的高汤，彰显其独特之处。通常只有在规格较高的宴会当中才能看到它的身影。

鸡豆花的鲜美，重在吊汤，而鸡豆花的细腻，在于刀工的处理，首先将鸡胸肉剔除筋膜，用刀背反复捶击成蓉状，过滤之后便能得到口感细嫩的豆花。

相关知识

一、定义

单刀背捶，指刀背朝下，刀垂直上下捶击原料表面，使肉质疏松或将厚肉片捶击成薄肉片的刀工技艺。

二、适用原料

一般用于将经过细选的韧性原料加工成蓉，如鸡胸肉、净虾肉、净鱼肉、肥膘肉等。

三、切配方法

左手扶墩，右手持刀，刀刃朝上，刀背朝下，刀背平面与墩面平行，加大刀背与墩面的接触面积，提高效率。将刀抬起，垂直上下捶击原料，当原料被捶击到一定程度时，用左手将原料拢起，右手使刀身倾斜，用力将原料铲起归堆，再反复捶击原料，直至符合加工要求为止。

四、工艺要点

用力均匀，抬刀不要过高，避免将原料甩出。要勤翻动原料，从而使加工的原料均匀细腻。操作时注意力集中，避免出现安全事故。

学思悟践

1. 学习：整理所学知识，制作本部分知识思维导图。
2. 思考：单刀背捶操作过程中有哪些注意事项？
3. 感悟：读一读下面的文字，谈一谈感悟。

中国名菜刀品牌王麻子创始于清顺治年间，起初店铺并不制作刀具，而是从民间收购，只有一流刀具才能拿到柜台上售卖，在之后的经营当中重点进行品牌宣传，并在刀具上镌刻“王麻子”作为标志，承诺一年之内发生损坏情况包换包退。即使有超过一年损坏而要求退换的也照样办理，这使得王麻子在激烈的竞争当中得以生存。

4. 实践：结合所学知识与技能进行单刀背捶训练，填写《实训报告书》(附录1)。

任务准备

仪容仪表：依据实训要求着工作服，做好个人清洁、消毒、安全防护。
实训工具：准备实训必备工具及砧板1个、毛巾1条、菜刀1把、瓷盘2个。
实训原料：鸡胸肉、里脊肉。

任务实施

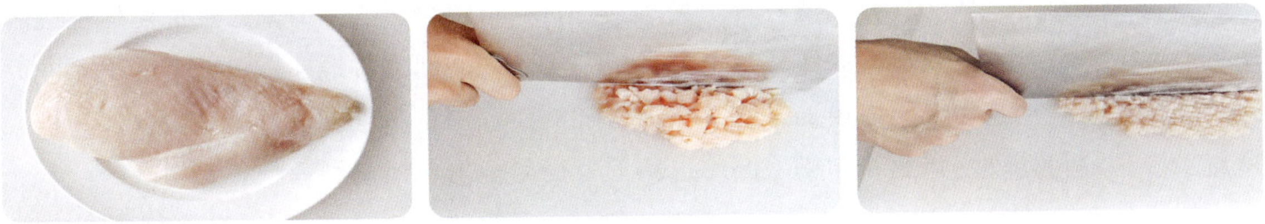

将鸡胸肉去除表皮筋膜，将原料放在菜墩上用刀背捶打并不断翻料。

边捶边排除残留的筋膜，右手适时用刀将原料铲起归堆，反复捶击直至质地细嫩有黏性。单刀背捶成品如图所示。

首先，将里脊肉改刀成条，进而切成大粒，然后刀刃朝上，用刀背朝下，刀身垂直上下捶击。

当捶击到肉分散时，用刀铲起归堆，同时将底部肉粒翻上来，再反复捶击直至符合加工要求为止。里脊肉蓉成品如图所示。

单刀背捶：鸡胸肉

单刀背捶：里脊肉

任务十

双刀背捶

任务导读

白玉鸡脯是一款风味独特的河北传统名菜。相传，这道菜起源于清末，由保定府衙内名厨创制而成，得到官府人员的一致称赞，后传入市场。之后河北各地在用料及方法上不断改进，使其色泽更加洁白，质地更加细腻，味道更加鲜美。白玉鸡脯鲜嫩清淡，像豆腐一样柔软鲜美。在食材处理上将鸡胸肉剔除筋皮，用刀背反复捶击，捶至细蓉状。

相关知识

一、定义

双刀背捶，指操作时两手各持一把刀，刀背朝下，刀垂直上下捶击原料表面，使肉质疏松或将厚肉片捶击成薄肉片的刀工技艺。比单刀背捶效率高。

二、适用原料

一般用于将经过细选的韧性原料加工成蓉，如鸡胸肉、净虾肉、净鱼肉、肥膘肉等。

三、切配方法

两手各持一把刀，刀刃朝上，刀背朝下，刀背平面与墩面平行，加大刀背与墩面的接触面积，提高效率。两刀呈八字形，将刀抬起，两刀上下交替用刀背捶击原料，当原料被捶击到一定程度时，刀刃向下，两刀向相反方向倾斜，用刀将原料铲起归堆，再反复捶击原料，一般要求捶击至蓉状或符合加工要求为止。

四、工艺要点

用力均匀，抬刀不要过高，避免将原料甩出。要勤翻动原料，从而使加工的原料均匀细腻。操作时注意力集中，避免出现安全事故。

学思悟践

1. 学习：整理所学知识，制作本部分知识思维导图。
2. 思考：单刀背捶和双刀背捶操作过程有哪些异同？
3. 感悟：读一读下面的文字，谈一谈感悟。

梁季芙，江城平冈朝东村人。原为首饰工匠，对各种金属特性有深入的研究，制品工艺精湛，在当地颇有名气。他研制出一种硬度适宜、造型美观、可以刮胡须、削铁不卷刃、耐用好用的牛角柄小刀，取名“季芙小刀”，深受顾客喜爱。20世纪40年代，在广东全省日用品博览会上，“季芙小刀”用“刀砍刀”的办法获得优胜，博览会给梁季芙颁发了奖状。“季芙小刀”公认为当时广东省的一流产品，之后又到重庆展出，其知名度更高，名扬海内外。

4. 实践：结合所学知识与技能进行双刀背捶技能训练，填写《实训报告书》（附录1）。

任务准备

仪容仪表：依据实训要求着工作服，做好个人清洁、消毒、安全防护。
实训工具：准备实训必备工具及砧板1个、毛巾1条、菜刀2把、瓷盘2个。
实训原料：大虾、五花肉。

任务实施

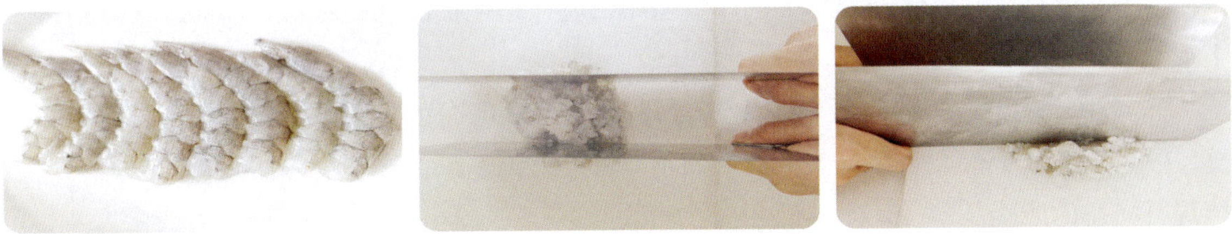

双手握刀，刀背朝下，菜刀自上至下垂直运动，用刀背捶砸虾仁。

捶砸过程中要用刀膛不断翻动虾蓉，以使原料归集到一起，然后继续背捶，直至符合虾滑要求为止，成品效果如图所示。

两手持刀，菜刀自上至下运刀，将五花肉剁碎，为下一步捶击做准备。

然后将刀刃朝上，用刀背捶击肉粒，捶击是时要用刀膛不断翻动原料，将肉蓉翻个面再继续捶击，直至成形，成品效果如图所示。

双刀背捶：大虾

双刀背捶：五花肉

任务十一

刀尖（跟）排

任务导读

上海炸猪排，在一些老上海人的印象当中，应该是记忆深处的味道。而如今，炸猪排在上海独立发展成特色食品。

炸猪排，选用上等精里脊肉，先用刀背敲打肉块，再用刀尖或刀根反复扎上均匀的刀缝，然后裹面粉、蛋液和面包糠，最后炸制即可。刀尖（跟）排不仅方便原料入味均匀，还能提升猪排的质感。

相关知识

一、定义

刀尖（跟）排，指刀垂直上下运动。用刀尖或刀在片形原料上扎上几排分布均匀的刀缝，用以斩断原料内的筋络的刀法。作用是防止原料因受热而卷曲变形，同时也便于调味汁的渗透和扩大受热面积，易于成熟。

二、适用原料

刀尖排一般用于将经过加工后的、呈厚片形的韧性原料，如大虾、通脊肉、鸡胸肉等。刀跟排一般用于加工一些硬性或带骨的原料，如鸡、鸭、鹅等。

三、切配方法

左手扶稳原料，右手持刀，将刀柄提起，用刀尖或者刀跟部位对准原料，垂直落下，刀尖或刀跟在原料上反复起落，扎排刀缝。如此反复进行，直至符合加工要求为止。

四、工艺要点

刀要保持垂直起落，刀缝间隙要均匀一致。用力不要过大，轻轻将原料扎透即可。操作时注意力集中，避免出现安全事故。

学思悟践

1. 学习：整理所学知识，制作本部分知识思维导图。
2. 思考：刀尖排和刀跟排操作过程有哪些异同？
3. 感悟：读一读下面的文字，谈一谈感悟。

20世纪20年代，阳江何氏老刀匠以其祖辈相传的绝活，制作出新型菜刀，这种刀刀锋利、既能切肉，又能斩小骨，故又称“文武刀”，厨师们在使用时不需来回换刀，大大节省了时间，提高了工作效率，深受厨师们的喜爱。于是，阳江城内的商家、酒楼纷纷到何氏打铁铺定制菜刀，外地商客也慕名而来。这“文武刀”在一定程度上也推动了阳江制刀业的发展。

4. 实践：结合所学知识与技能进行刀尖（跟）排训练，填写《实训报告书》（附录1）。

任务准备

仪容仪表：依据实训要求着工作服，做好个人清洁、消毒、安全防护。
实训工具：准备实训必备工具及砧板1个、毛巾1条、菜刀1把、瓷盘2个。
实训原料：鸡胸肉、里脊肉。

任务实施

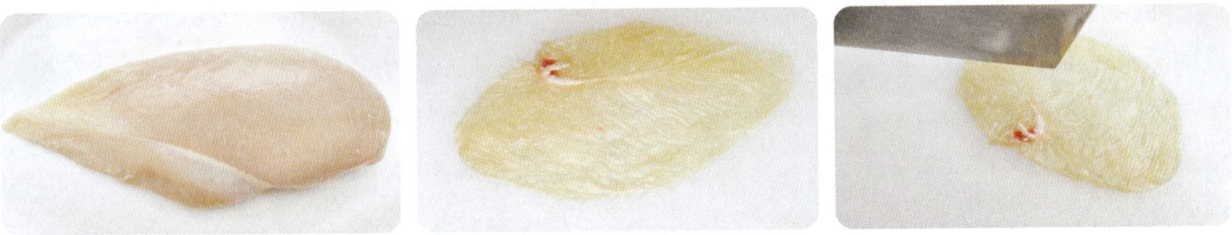

鸡胸肉先用平刀法片成大薄片。然后，将刀跟抬起刀尖朝下，对准肉片上较粗的纤维。

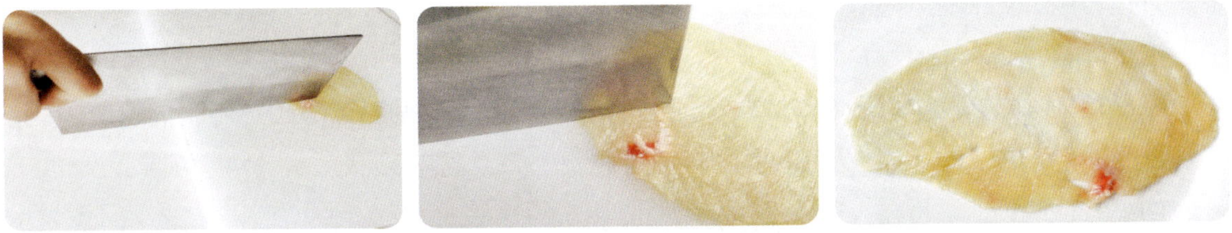

用刀尖砍下，将肉片上的纤维砍断，依此方法反复操作，直至符合要求为止。成品效果如图所示。

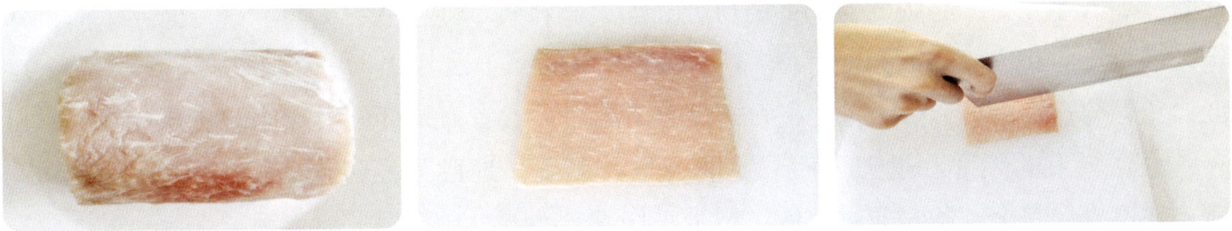

先将里脊肉片成长方片。然后，用刀跟对准里脊肉上较粗的纤维。

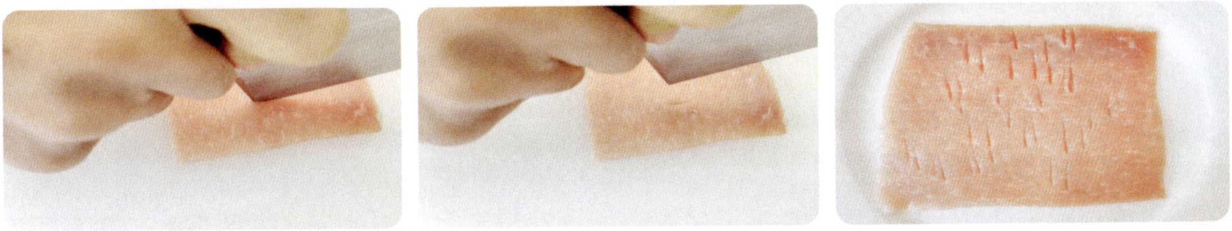

刀自上至下反复运动，将肉纤维斩断，操作时，要注意调换不同位置，也不可用力过大。成品效果如图所示。

刀尖排：鸡胸肉

刀跟排：里脊肉

任务十二

直刀砍

任务导读

东安仔鸡流传至今已上千年，是一道湖南名菜，具有色泽鲜艳，肉质鲜嫩，味道酸辣鲜香的特点。在食材的处理上，用直刀砍对鸡肉进行分块。

相关知识

一、定义

直刀砍，又称直刀斩、直刀劈，指将刀对准要分割的原料部位，运用肩膀之力，从上而下垂直运刀断开原料的刀法。

二、适用原料

一般用于加工质地坚硬、体型较大或带骨原料，如大块肉、整鸡、整鸭、大鱼头、猪头、排骨、小型冻肉等。主要用于将原料加工成块、条、段等形状。

三、切配方法

左手扶稳原料，应距离落刀点远一些。右手握牢刀柄，提刀至头部，对准原料要砍的部位，利用肩膀的力量向下砍，一刀将原料断开。用力要猛，落刀部位要精准。砍时最好一刀砍断，如需要复刀，必须砍在同一刀口处。如果原料较小或已砍得太短，落刀时左手应迅速离开或只用刀对准原料砍断即可。

四、工艺要点

注意斩刀的频率和退刀刀距。不能盲目、无规律地乱砍，防止砍伤和震伤手指与腕、臂。注意操作安全，防止原料碎渣迸溅带来伤害。

学思悟践

1. 学习：整理所学知识，制作本部分知识思维导图。

2. 思考：直刀砍操作过程中有哪些注意事项？

3. 感悟：读一读下面的文字，谈一谈感悟。

相传，有一位姓丁的厨师替梁惠王宰牛，每一刀都能听到皮肉分离的声音，牛肉很快就分割好了。梁惠王问道："你怎样做到这种程度的？"庖丁说道，现在我宰牛不是用眼睛去看，而是用精神去感知牛的肌理筋骨。顺着牛本身的结构下刀，遇到筋骨交错的地方，我就会小心翼翼，轻轻地切，这样骨肉一下就分离了。这就是庖丁解牛的故事。其实，刀工的学习就像宰牛，需要用心去做好每一个环节，只要日复一日地刻苦练习，用刀就一定会炉火纯青。

4. 实践：结合所学知识与技能进行直刀砍技能训练，填写《实训报告书》（附录1）。

任务准备

仪容仪表：依据实训要求着工作服，做好个人清洁、消毒、安全防护。
实训工具：准备实训必备工具及砧板1个、毛巾1条、菜刀1把、瓷盘2个。
实训原料：鲅鱼、小公鸡。

任务实施

首先，将鲅鱼洗净宰杀，平放于砧板上。右手持刀，对准鲅鱼待砍部位。

将菜刀抬起到适当高度，用力向下砍，将鲅鱼砍断。用此法将鲅鱼砍成多段。成品效果如图所示。

首先，右手持刀对准小公鸡的腹部。然后，将菜刀垂直抬起。

菜刀自上至下迅速砍下，将小公鸡一分为二。操作时防止原料碎渣迸溅。成品效果如图所示。

直刀砍：鲅鱼

直刀砍：小公鸡

任务十三

跟刀砍

任务导读

剁椒鱼头，是湖南的代表名菜，在当地大小餐馆都可吃到，剁椒的红艳伴鱼头的鲜美，风味独具一格。剁椒鱼头色泽红亮，鱼肉细嫩，肥而不腻，鲜辣适口。在原料的处理上，将鱼头用跟刀砍的手法砍成两半而不断。

相关知识

一、定义

跟刀砍，又称跟刀劈，是指将刀刃先稳嵌进要砍原料的部位，与原料一齐起落，垂直向下断开原料的砍法。

二、适用原料

一般用于加工质地坚硬、骨大形圆或一次不易砍断的大块原料，如猪头、羊头、大鱼头、蹄髈、小型冻肉等。

三、切配方法

两手紧密结合，左手扶稳原料，右手握住刀柄，刀刃对准原料待砍的部位直刀砍一下并紧嵌在原料内部，然后刀与原料同时垂直起落，下落时左手随原料一起上下起落或即刻离开原料。如原料形状较小，重量较轻，且刀刃在原料中嵌入较紧，可不用左手扶料，直接用右手持刀带料一起落下将原料断开。

四、工艺要点

选好待砍位置，将刀嵌稳原料，不能松动脱落，避免砍空和伤手。持刀有力，用力稳而快。如一次没断开，可反复进行，直至砍断为止。注意操作安全。

学思悟践

1. 学习：整理所学知识，制作本部分知识思维导图。
2. 思考：跟刀砍操作过程中有哪些注意事项？
3. 感悟：读一读下面的文字，谈一谈感悟。

“好钢从来百炼雄，握如山岳运如风”，菜刀的好坏对于厨师烹饪来说至关重要。一把好的菜刀要有足够的硬度、韧性、耐磨性。制作一把好菜刀，钢材的选用和锻打工艺非常重要。如今菜刀大部分是自动化机械产物，但传统手工锻打的菜刀依旧是不可或缺的，传统工匠师傅对于菜刀钢材的选用、温度的把控、力度的调整都是机器不可替代的，正如中国菜肴一样，标准化菜肴仿佛失去了中餐的灵魂，失去了每个人对美食的独特理解。

4. 实践：结合所学知识与技能进行跟刀砍技能训练，填写《实训报告书》(附录1)。

任务准备

仪容仪表：依据实训要求着工作服，做好个人清洁、消毒、安全防护。
实训工具：准备实训必备工具及砧板1个、毛巾1条、菜刀1把、瓷盘2个。
实训原料：鸡腿、猪蹄。

任务实施

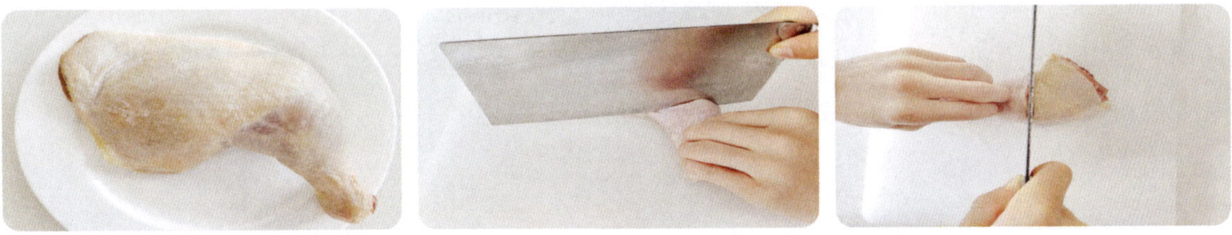

首先，左手手指拿住鸡腿较细一段，右手持刀嵌入鸡腿中，操作方法如图所示。

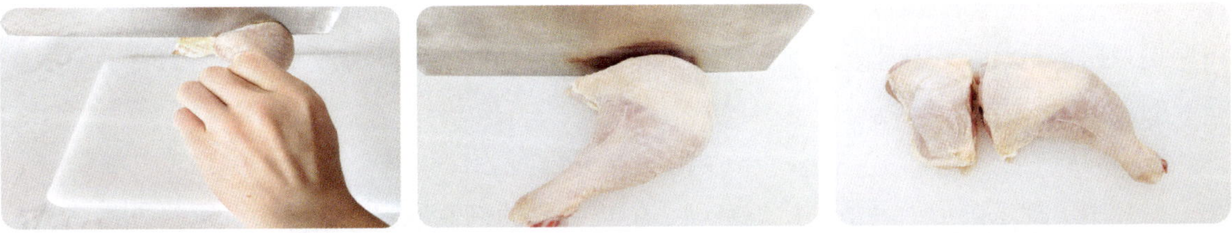

左手随刀将鸡腿抬起，原料跟刀一起从高处迅速砍下，将鸡腿砍断。操作手法如图所示。

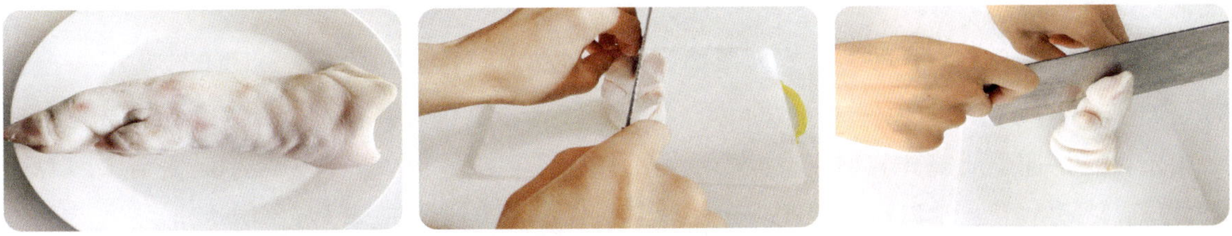

左手扶料，右手持刀，双手协作，将刀对准待砍部位，并稍稍用力使其嵌入猪蹄当中。

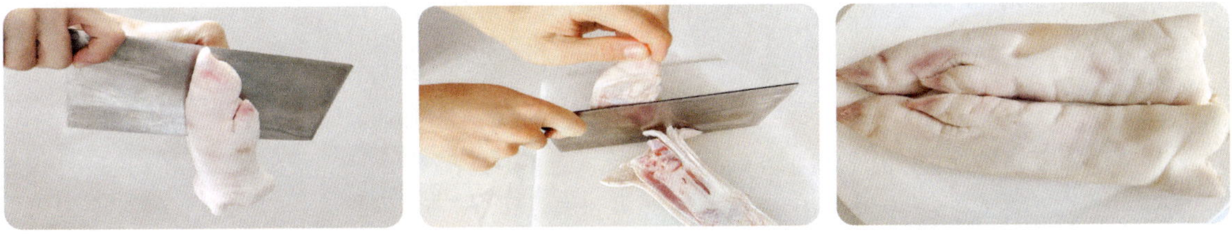

左手跟料与菜刀一起用力从高处落下，当猪蹄接触砧板时，左手可视情况离开。猪蹄一次不断可再来一次，直至断开。成品效果如图所示。

跟刀砍：鸡腿

跟刀砍：猪蹄

任务十四

拍刀砍

任务导读

麻辣鸭头是一道香辣口味的川菜。最早起源于清朝洞庭湖区的常德，经湖南流传至四川和湖北，近年来风靡全国。麻辣鸭头通过多种香料卤制，非常酥烂，每一块骨头都很入味，夹杂着鲜美的卤汁，是一道佐酒佳肴，受到大多数人喜爱。为了方便食用，可将鸭头放平稳，用掌根拍击刀背直至鸭头全部断开为止。

相关知识

一、定义

拍刀砍，指将原料放平稳，刀刃对准原料待砍的部位，用掌心或掌根拍击刀背，使原料断开的刀法。

二、适用原料

一般用于加工圆形、易滑、质地坚硬、带皮带骨的韧性原料，如鸭头、鸡头、酱鸡、酱鸭、卤兔头等。

三、切配方法

左手扶稳原料，右手握刀，握刀要稳，刀刃对准原料待砍的部位，用掌心或掌根拍击刀背，使原料断开。如果原料一刀未断开，刀刃不可离开原料，继续拍击刀背直到原料完全断开为止，原料加工成整齐、均匀、大小一致的块、条、段等形状。用力大小需适当，用力过重，原料跳动散开，汁液流失；用力过小，不能砍断原料或出现偏大或偏小的形状。

四、工艺要点

落刀部位要准。用力大小适当，不可左右摇晃，灵活利用腕部力量。注意操作安全。

学思悟践

1．学习：整理所学知识，制作本部分知识思维导图。

2．思考：拍刀砍操作过程中有哪些注意事项？

3．感悟：读一读下面的文字，谈一谈感悟。

除烹饪方式和饮食习惯外，刀的材质、形态和使用方式从某种程度上也反映了东西方文化的差异。西方不断制造和改进切割工具，大量使用各种刀具来处理食材。《易经》里提到：“形而上者谓之道，形而下者谓之器，化而裁之谓之变，推而行之谓之通，举而措之天下之民，谓之事业。”中国讲究“功夫在人”。刀再好，操刀人才是关键。俗话说“一刀多能”，“能”的不仅仅是“刀”，还是烹饪者的智慧与技艺。

4．实践：结合所学知识与技能进行拍刀砍技能训练，填写《实训报告书》（附录1）。

任务准备

仪容仪表：依据实训要求着工作服，做好个人清洁、消毒、安全防护。
实训工具：准备实训必备工具及砧板1个、毛巾1条、菜刀1把、瓷盘2个。
实训原料：鸡爪、鸭头。

任务实施

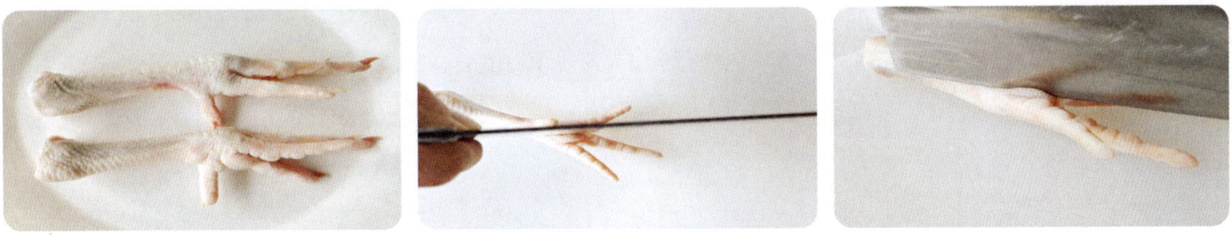

首先，切去爪尖。然后，菜刀垂直向下，用刀跟对准鸡爪待切位置。

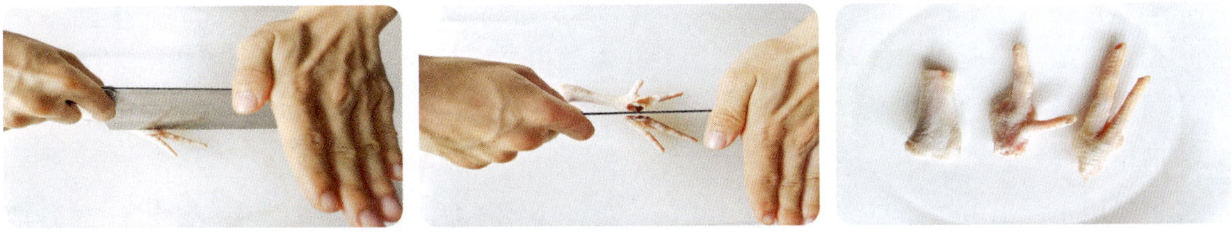

然后，左手手掌压在刀背上，接着用力拍下去，一次未断开可多次，将鸡爪切开。成品效果如图所示。

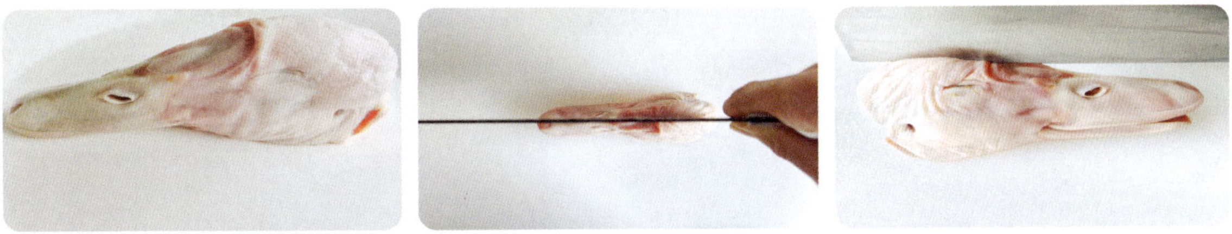

首先，右手握稳刀柄，用菜刀后端对准鸭头中间位置，防止大小不一。

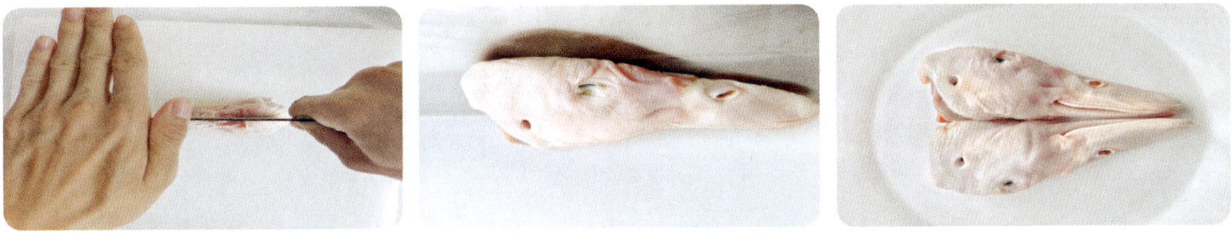

左手伸直压在刀背上。然后，用力拍下去，迅速压到底部，将鸭头一分为二，注意左右大小一致。成品效果如图所示。

拍刀砍：鸡爪

拍刀砍：鸭头

任务十五

拍刀

任务导读

刀法中，切、片、剁、砍、削，都是用刀刃去侵入食物。但切蒜时，切断了大蒜纤维，只有断面才能散发香味，香气不足。拍刀是将刀面横过来，依靠侧面去压碎食物。拍蒜时，大蒜纤维被猛力拍散，蒜香味立刻被激发，散出来的更多。拍刀法，也可以让肉质变得更加疏松，从而获得更好的口感。

相关知识

一、定义

拍刀，指右手握刀，将刀身端平，用刀身用力拍击原料的刀法。拍刀主要用于拍松、拍碎原料，或将较厚的韧性原料拍薄。

二、适用原料

一般用于加工脆性原料，如大葱、大蒜、姜，也用于加工韧性原料，如猪、牛、羊各位置的瘦肉、鸡胸肉等。

三、切配方法

左手将原料放在砧板上，右手持刀，刀刃朝右，将刀举起垂直落下拍击原料，拍击后顺势向右前方外侧移动或向后侧移动，使原料脱离刀身，避免原料吸附在刀身上。一次不行，可多次拍击，达到将原料拍松、拍碎、拍薄的目的。

四、工艺要点

拍击原料用力大小要根据不同情况灵活掌握，用力大小要均匀。操作时注意安全。

学思悟践

1. 学习：整理所学知识，制作本部分知识思维导图。
2. 思考：拍刀操作过程中有哪些注意事项？
3. 感悟：读一读下面的文字，谈一谈感悟。

看着自己用拍刀法处理的鸡胸肉，刘澍发现肉碎得不均匀。李老师告诉他主要原因有三：一是因为落刀的位置不准，拍击力量不够；二是分割原料的时候，没有注意原料的大小整齐；三是左手掌未能够准确猛击在与下刀处相对应的刀背位置处。

刘澍听完，认真反复练习多次，终于掌握了拍刀法的技巧。

4. 实践：结合所学知识与技能进行拍刀技能训练，填写《实训报告书》(附录1)。

任务准备

仪容仪表：依据实训要求着工作服，做好个人清洁、消毒、安全防护。
实训工具：准备实训必备工具及砧板1个、毛巾1条、菜刀1把、削皮刀1把、瓷盘1个。
实训原料：大虾、咸蛋黄。

任务实施

首先，将虾仁放在菜板上，右手握稳刀柄，大拇指食指伸直，其余三指握住刀柄。

然后，将刀膛抬起，自上至下用力拍下去，刀膛平拍在虾仁上，将虾仁拍碎。成品效果如图所示。

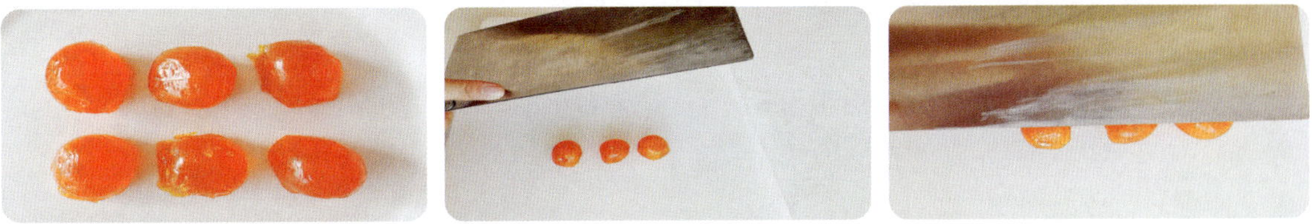

将咸蛋黄放在菜板上，右手持刀，食指大拇指伸直，其余三指握住刀柄。将刀膛对准咸蛋黄。

将刀抬起自上至下拍在咸蛋黄上，将咸蛋黄拍碎，摆入盘中，操作时防止咸蛋黄飞溅。成品效果如图所示。

拍刀：大虾

拍刀：咸蛋黄

项目总结

本项目学习了直刀切、推刀切、拉刀切、锯刀切、滚料切、铡刀切、单刀剁、双刀剁、单刀背捶、双刀背捶、刀尖（跟）排、直刀砍、跟刀砍、拍刀砍、拍刀的相关知识和操作技法。

项目考核

一、职业能力应知题

1．________又称跳切，是刀与砧板垂直________运动将原料切断的刀法。

2．________又称推翻切，是刀身与砧板垂直，刀具自________而________、沿________方向________方推切，将原料切断的刀法。

3．________又称拉切，是刀身与砧板垂直，刀具自上而下、同时结合________拉的动作，将原料切断的刀法。

4．________又称锯切，指刀身与砧板或原料垂直，刀具________推拉直至将原料切断的刀法。

5．________又称滚刀切、滚切，是指刀与砧板和原料垂直，所切原料随刀的运动而不断滚动的切法，切出的原料叫________。

6．无锡肉骨头是一道传统名菜，特点是色泽________、________、________、________。

7．阳江市制刀历史悠久，可追溯至________多年前。

8．中国名菜刀品牌“王麻子”，创始于清顺治年间，其掌柜姓________，脸上有________，故称为“________”。

9．好钢从来百炼雄，握如山岳________。

二、职业能力应会题

1．按操作标准进行直刀切。

2．按操作标准进行推刀切和拉刀切。

3．按操作标准进行锯刀切。

4．按操作标准进行滚料切。

5．按操作标准进行铡刀切。

6．按操作标准进行单刀剁和双刀剁。

7．按操作标准进行单刀背捶和双刀背捶。

8．按操作标准进行刀尖排和刀跟排。

9．按操作标准进行直刀砍、跟刀砍、拍刀砍。

10．按操作标准进行拍刀。

三、职业能力应用题

1. 能独立运用直刀切加工各种适用原料。
2. 能独立运用推刀切和拉刀切加工各种适用原料。
3. 能独立运用锯刀切加工各种适用原料。
4. 能独立运用滚料切加工各种适用原料。
5. 能独立运用铡刀切加工各种适用原料。
6. 能独立运用单刀剁和双刀剁加工各种适用原料。
7. 能独立运用单刀背捶和双刀背捶加工各种适用原料。
8. 能独立运用刀尖排和刀跟排加工各种适用原料。
9. 能独立运用直刀砍、跟刀砍、拍刀砍加工各种适用原料。
10. 能独立运用拍刀加工各种适用原料。

项目三 平刀法

项目导读

平刀法是指刀与砧板或刀与原料呈平行状态运行的行刀技法，又称批刀法。常用于切配无骨、富有弹性和韧性、煮熟柔软的原料。

根据切配时刀运行方向不同，可以分为平刀直片、平刀推片、平刀拉片、平刀推拉片、平刀滚料片。

学习目标

1. 掌握平刀法的相关知识。
2. 能熟练运用所学平刀法的知识与技能切配不同食材。
3. 培养刀工训练时用心、踏实、专注的气质和认真敬业、一丝不苟的态度。

实训任务

平刀直片、平刀推片、平刀拉片、平刀推拉片、平刀滚料片。

任务一

平刀直片

任务导读

据记载，乾隆皇帝曾六下江南，当地官员为取悦皇帝，花重金聘请当地名厨制作菜肴，其中就有一道“九丝汤”的菜肴，用鸡丝、笋丝、火腿丝等九种丝烹制而成。后来“九丝汤”演变成今天的大煮干丝。大煮干丝选用扬州当地产的方干，放入沸水中浸烫，去除豆腥味。然后炒锅中放入高汤，加入干丝、鸡丝、笋丝、香菇丝、虾仁等进行烧制调味。在原料的处理上，刀身保持水平运动，将方干片成薄片，再切成细丝。

相关知识

一、定义

平刀直片，指将原料平放在菜墩上，刀面在原料的一个固定位置，与砧板呈平行状态运行的一种刀法。

二、适用原料

一般用于加工脆嫩原料，如豆腐、豆腐干、土豆、黄瓜、鸭血、萝卜等。

三、切配方法

左手大拇指支撑在砧板上，同时四指按料，或挡在原料左侧，或按住原料上侧，保证原料位置不动。右手将刀身与砧板或原料平行，用刀刃中前部，从右向左进行直线运动，将原料一层一层地片开。

四、工艺要点

刀身平稳不抖动，不可忽高忽低，保持水平运动一刀到底。刀身紧贴原料，片下的原料完整，厚薄一致。左手扶料，下压力要小，不可将原料挤压变形。

学思悟践

1. 学习：整理所学知识，制作本部分知识思维导图。
2. 思考：平刀直片操作过程中有哪些注意事项？
3. 感悟：读一读下面的文字，谈一谈感悟。

四川宜宾李庄古镇有三白，分别是“白酒、白糕、白肉”。代表川菜精湛刀工、善于调味技艺的菜品当属李庄白肉。其肉白且嫩、肥而不腻，口味上蒜香浓郁、清香爽口。这道菜的精髓在于对白肉的处理和对蒜泥味汁的调制。刀工精湛的厨师，单手拿起宽大的菜刀，稳而有力，转眼间，一片片犹如蝉翼，20cm长、10cm宽、2mm厚的白肉便切好了。切好的白肉，搭配上大蒜、辣椒、酱油、白糖、精盐等调制的蒜泥味汁，可谓一绝。

4. 实践：结合所学知识与技能进行平刀直片技能训练，填写《实训报告书》(附录1)。

任务准备

仪容仪表：依据实训要求着工作服，做好个人清洁、消毒、安全防护。
实训工具：准备实训必备工具及砧板1个、毛巾1条、菜刀1把、削皮刀1把，瓷盘1个。
实训原料：豆腐干、土豆、豆腐。

任务实施

将豆腐干平放于砧板上，左手四指从上向下用力顶住豆腐干。右手持刀用刀刃中前部平行推进其中。

右手持续用力，操作时保持刀始终平行推进状态，依次将豆腐干片开。操作姿势如图所示。

左手四指从上向下用力压住原料，右手持刀用刀刃中前部平行推进将其片开。操作姿势如图所示。

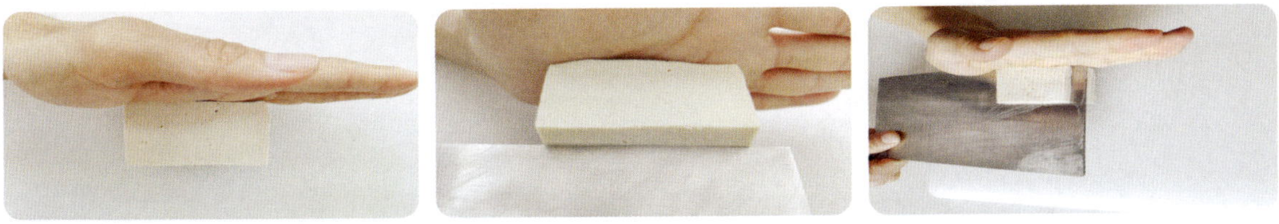

左手手掌在左侧挡住豆腐，防止豆腐移动，右手持刀用刀刃中前部平行推进将其片开。操作姿势如图所示。

平刀直片：豆腐干

平刀直片：土豆

平刀直片：豆腐

任务二

平刀推片

任务导读

早在商朝，竹笋已成为人们餐桌上的食品。随着时间的推移，食笋之风日渐盛行，不仅作为美食，更成为一种雅食，符合文人雅士的心情与口味。松、竹、梅被称为“岁寒三友”，而竹子自然成为清高的象征。宋代大诗人苏东坡为它写诗：“可使食无肉，不使居无竹。无肉令人瘦，无竹令人俗。”

冬笋，可以切块、切丝，也可以采用平刀推片的刀法加工成片。

相关知识

一、定义

平刀推片，又称平刀片，指刀与砧板平行，运用向外的推力，从右后方向左前方运行移动，将原料层层片开的一种刀法。根据原料出片和刀具位置可分为上片法和下片法两种。

二、适用原料

一般用于加工脆嫩性原料，如生姜、莴笋、茭白、榨菜、冬笋等。

三、切配方法

左手扶住原料，右手食指和拇指捏住刀箍，手掌和余下三指握好刀柄。上片法时，刀刃中前部对准原料上端入刀位置；下片法时，刀刃的中前部对准原料下端入刀位置。刀从右后方向左前方片进原料，将原料一层层片开。

四、工艺要点

食指和中指稍分开，以观察原料的薄厚是否一致。刀片进料后，运行要快，握刀要稳，灵活有力。动作连贯紧凑，一片到底，片下的原料完整、厚薄一致。

学思悟践

1．学习：整理所学知识，制作本部分知识思维导图。

2．思考：平刀推片操作过程中有哪些注意事项？

3．感悟：读一读下面的文字，谈一谈感悟。

平刀推片需要对力度和角度的精准掌控。周珂贺反复练习，逐步掌握了平刀推片刀法。他注意到，每次切豆腐时的角度和力度都会影响最终的成品。如果角度过大或过小，切片会出现斜面或厚度不均；力度过大则可能导致豆腐破碎，力度过轻又会使刀片难以穿透。随着实践的积累，他的刀工逐渐熟练，开始尝试不同厚度的切片，甚至能够完成将一块完整的豆腐切成数十片而不破坏其结构的挑战。这不仅是对技巧的锻炼，更是对耐心和细心的考验。

4．实践：结合所学知识与技能进行平刀推片技能训练，填写《实训报告书》（附录1）。

任务准备

仪容仪表：依据实训要求着工作服，做好个人清洁、消毒、安全防护。
实训工具：准备实训必备工具及砧板1个、毛巾1条、菜刀1把、削皮刀1把、瓷盘2个。
实训原料：鲤鱼、豆腐。

任务实施

将鲤鱼宰杀洗净，平放于砧板上，鱼尾朝右。左手按住鱼尾部，右手持刀，刀身与砧板平行，从尾部轻轻推进。

推进时，左手食指和中指分开，以观察是否厚薄一致，操作时动作要快，灵活有力，成品完整，成品效果如图所示。

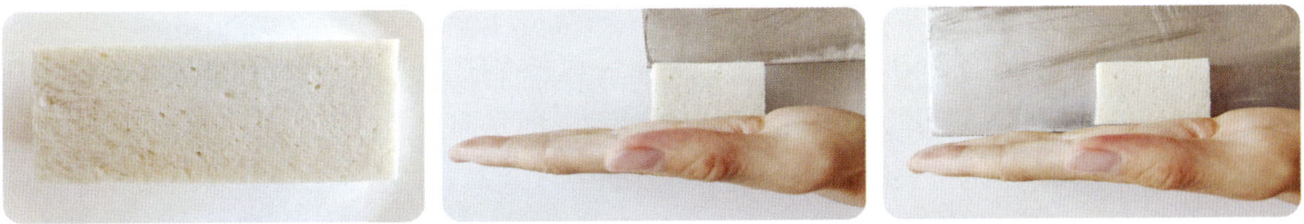

首先，将豆腐修成长方块状，平放在砧板上。然后，左手轻轻按稳原料，右手持刀，刀身与墩面平行。

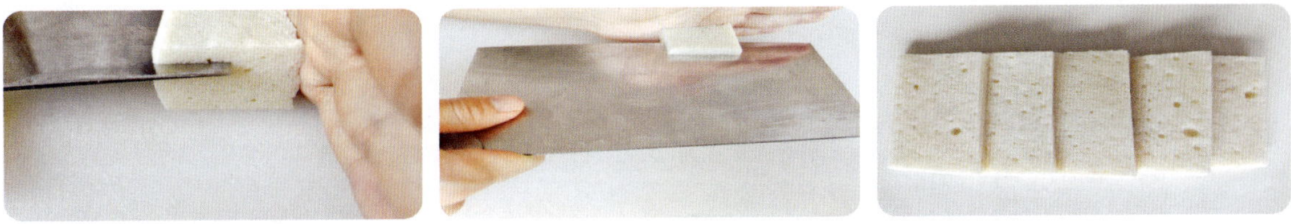

接着，刀刃前端从原料的右上角平行进刀，平刀向左前方推进，直至片断原料。平刀推片成品效果如图所示。

平刀推片：鲤鱼

平刀推片：豆腐

任务三

平刀拉片

任务导读

“糟熘三白”是传统经典鲁菜。相传，此菜起源于清朝，由山东厨师创作，选用鸡肉、鱼肉、冬笋，加入鸡汤、香糟卤等调味品，烹制而成的一道色泽洁白、质地软嫩、糟味浓郁的菜肴。因主料都是白色，故名“糟熘三白”。

“糟熘三白”在原料的处理上，将鸡肉用刀拍松，用刀刃的后部对准原料被片的位置，从左前方向右后方用力片开，如此反复拉片，直至鸡肉完全片开为止。鱼肉、冬笋依次操作。

相关知识

一、定义

平刀拉片，指运用向里的拉力，刀从左前方向右后方运行移动，与砧板呈平行状态运行，将原料层层片开的一种刀法。

二、适用原料

一般用于加工体小、嫩脆或略带韧性的原料，如莴笋、蘑菇、鸡胸肉、猪腰、鱼肉等。

三、切配方法

左手按稳原料，防止滑动。右手握刀，食指和拇指捏住刀箍，全手掌和余下三指握好刀柄。刀身与砧板平行，刀刃片进原料后不是向外推，而是向里拉进去。运刀时，刀身平稳，用力均匀，水平方向运动。随着刀的片进，左手的指尖应稍起，直至原料一层一层片开。

四、工艺要点

左手按料时食指和中指要分开一些，以观察原料的薄厚是否一致。动作连贯，片下的原料完整、厚薄一致。

学思悟践

1. 学习：整理所学知识，制作本部分知识思维导图。
2. 思考：平刀拉片操作过程中有哪些注意事项？
3. 感悟：读一读下面的文字，谈一谈感悟。

北京烤鸭，是享誉全国乃至世界的美食，来到北京肯定要品尝。北京填鸭，是做北京烤鸭的唯一原料鸭。这种鸭子一般长到30多天后就不爱吃食，必须通过人工填食增肥，体重达标后，经过烤制就变成了一道美食，切成片即可食用。切片的过程要求快、准、狠，在一定时间内，将鸭子片成薄厚均匀的片状。

4. 实践：结合所学知识与技能进行平刀拉片技能训练，填写《实训报告书》（附录1）。

任务准备

仪容仪表：依据实训要求着工作服，做好个人清洁、消毒、安全防护。
实训工具：准备实训必备工具及砧板1个、毛巾1条、菜刀1把、削皮刀1把、瓷盘2个。
实训原料：鸡胸肉、鹅肝。

任务实施

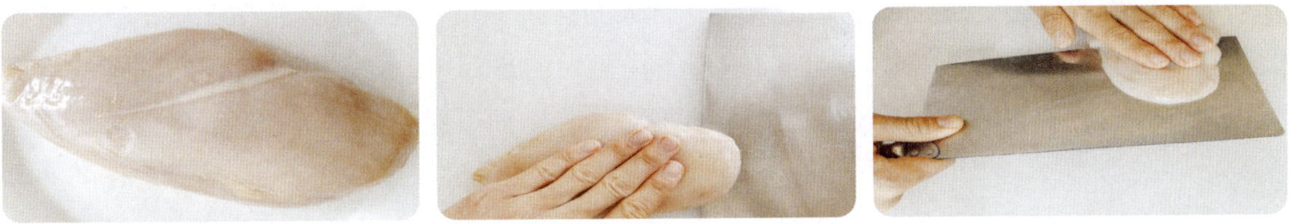

鸡胸肉简单处理后，平放于砧板上，左手四指压住原料，右手持刀，刀身与砧板平行，刀刃进入原料以后向靠近身体方向拉动。

拉的过程中，左手指尖应稍起，以防伤手，反复此动作，直至一层一层片开。成品效果如图所示。

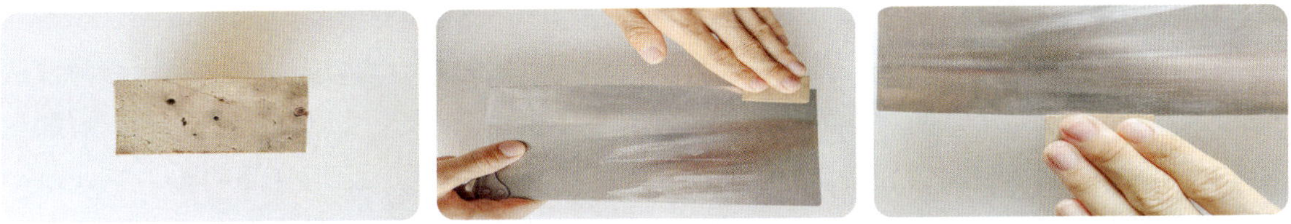

首先，将鹅肝修成长方块状。然后，平放在砧板上按稳原料，右手执刀，刀身放平，用刀身中部片进原料。

最后，朝身体一侧拖拉运刀，直到片断原料。运用平刀拉片片完所有原料。平刀拉片成品效果如图所示。

平刀拉片：鸡胸肉

平刀拉片：鹅肝

任务四

平刀推拉片

任务导读

蒜泥白肉，一道老成都人餐桌上从小吃到大的佳肴。袁枚的《随园食单》中记载“此是北人擅长之菜”，发源地在东北，但将白肉发扬光大的是四川人。他们在白肉的烹饪基础上加以蒜泥调味，蒜香浓郁。此菜不仅肉片爽滑鲜嫩，肥而不腻，满口留香，而且营养价值也更高。

蒜泥白肉选用肥瘦相连的坐臀肉或五花肉，水煮后，用手扶稳猪肉，平刀反复推拉，将肉切成薄片。

相关知识

一、定义

平刀推拉片，又称锯片，指刀与砧板或食材平行，将刀先向左前方行刀推片，再向后拉片，综合运用平刀推片和平刀拉片的刀法。

二、适用原料

一般用于加工韧性较强、体大、筋多的原料，如猪或牛的蹄筋、腿肉、颈肉等。

三、切配方法

左手按稳原料，防止滑动。右手持刀要稳，端平，用力充分均匀，始终平行于原料，从右到左反复推拉直至平片断料。随着刀的片进，左手指逐渐翘起，以掌心按稳原料。有的食材片至末端不片断，将原料旋转180°后继续片，这样成形的片更大，便于下一步刀工处理。

四、工艺要点

落刀部位要准确，始终水平方向运动。片下的原料完整、厚薄一致。操作时注意安全。

学思悟践

1. 学习：整理所学知识，制作本部分知识思维导图。
2. 思考：平刀推拉片操作过程中有哪些注意事项？
3. 感悟：读一读下面的文字，谈一谈感悟。

在一些酒店，厨师常常与客人面对面表演精湛的刀工。例如，北京烤鸭的厨师现场表演，将一只鸭子片成一百多片。而抽刀白肉，创作于1927年，此菜使用的是刀法是片，同时原料成形当中也有片，既是刀法又是菜形。只见厨师用一把50cm长的片刀，将猪肉片成40cm长的片，肉片放在纸上，能够清晰地看到纸上的字，极具表演性。这是中国厨艺的体现，也是美食文化的传承。

4. 实践：结合所学知识与技能进行平刀推拉片训练，填写《实训报告书》（附录1）。

任务准备

仪容仪表：依据实训要求着工作服，做好个人清洁、消毒、安全防护。
实训工具：准备实训必备工具及砧板1个、毛巾1条、菜刀1把、瓷盘2个。
实训原料：五花肉、火腿。

任务实施

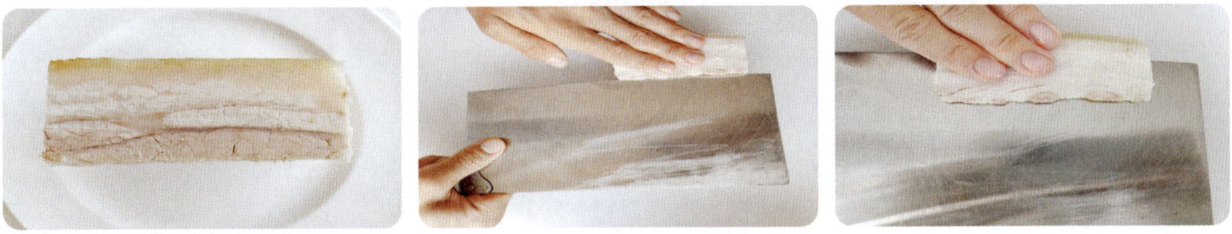

左手扶稳原料，右手持刀，将刀放平，对准待片部位，轻轻推进。

操作时刀要平行于原料，刀反复推拉，刀从右到左进入直至平片断料。成品效果如图所示。

左手从火腿上部压住原料以防滑动，右手将刀端平，推进原料内。

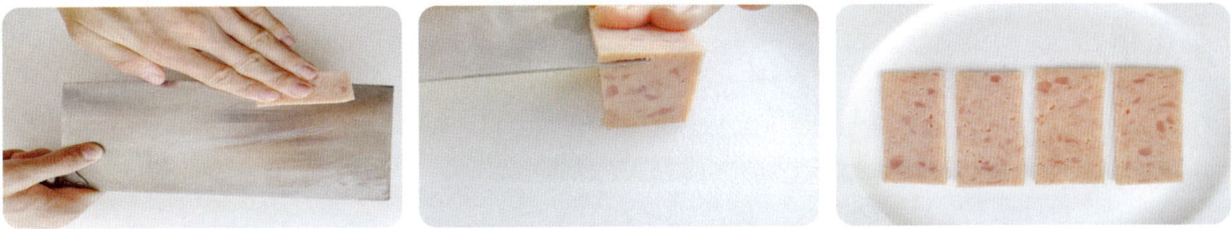

运刀时一边推拉，一边从右到左推进，将原料片开。要求完整、厚薄一致。成品效果如图所示。

平刀推拉片：五花肉

平刀推拉片：火腿

任务五

平刀滚料片

任务导读

李梦阳在厨房实习时发现，厨师一边滚动胡萝卜一边用菜刀片，不仅速度快，而且去皮效果比削皮刀还好。他自己尝试了一下，胡萝卜总是乱跑，刀也不稳，差点伤到左手，而且去皮效果也非常不好。李老师告诉他，平刀滚料片用途非常广泛，刀工的好坏直接决定了一道菜的味道和美观程度。但是要掌握这项技术，必须要做到“稳”“平行”“同步”。

相关知识

一、定义

平刀滚料片，又称旋料片，指将刀与砧板平行，刀从右向左运动，原料向后不断滚动直至片成薄长条片的一种刀法。根据原料出片和刀具位置可分为滚料上片法和滚料下片法两种。

二、适用原料

滚料上片一般用于加工圆柱形脆性植物原料，如黄瓜、萝卜、竹笋等。滚料下片一般用于加工圆形、锥形或多边形的韧性较弱的原料，如鸡心、鸭心等。

三、切配方法

将原料放在砧板里侧，左手扶稳原料，右手持刀与砧板或原料平行，用刀刃的中前部对准原料待片部位，将刀锋片进原料后，左手轻轻推动原料慢慢向右转动，右手持刀慢慢向左同步运行，直至将原料表皮片下或加工至所需大小。

四、工艺要点

刀要端平，保持水平运动，不可忽高忽低。刀推进节奏和原料滚动速度保持一致。控制好进刀深度，避免把原料切断。

学思悟践

1．学习：整理所学知识，制作本部分知识思维导图。

2．思考：平刀滚料片操作过程中有哪些注意事项？

3．感悟：读一读下面的文字，谈一谈感悟。

人们常说京剧是“台上一分钟，台下十年功”。其实，烹饪也是同样的道理，好功夫要靠时间一点点造就出来。刀工，看似是厨师的基本功，但各种刀法却有万千变化。一些学厨艺的年轻人，心性浮躁，学了几个菜品就很满足，其实他的基本功掌握得并不扎实。作为新时代厨艺人，我们要想学真功夫，必须静下心来，从最基础的事情做起，肯钻研，肯投入，把刀放平、把心放正，踏踏实实地练习，日复一日地坚持，才能精进技艺，才能有所成就。

4．实践：结合所学知识与技能进行平刀滚料片训练，填写《实训报告书》（附录1）。

任务准备

仪容仪表：依据实训要求着工作服，做好个人清洁、消毒、安全防护。
实训工具：准备实训必备工具及砧板1个、毛巾1条、菜刀1把、削皮刀1把、瓷盘2个。
实训原料：丝瓜、黄瓜。

任务实施

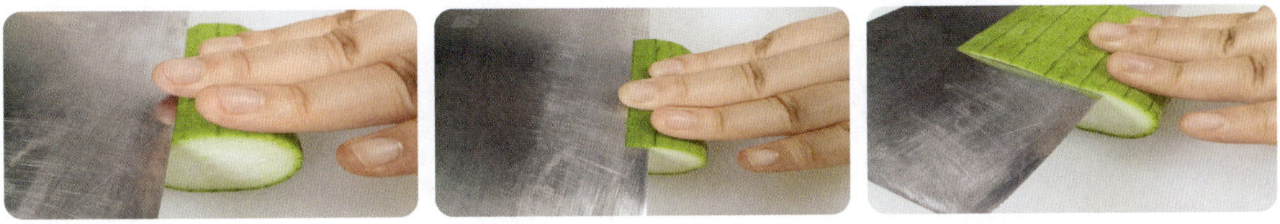

首先，将丝瓜切成均匀的段，长度6～12cm为宜。左手用掌心将丝瓜压住，刀放平，刀刃从上端平推进入原料。

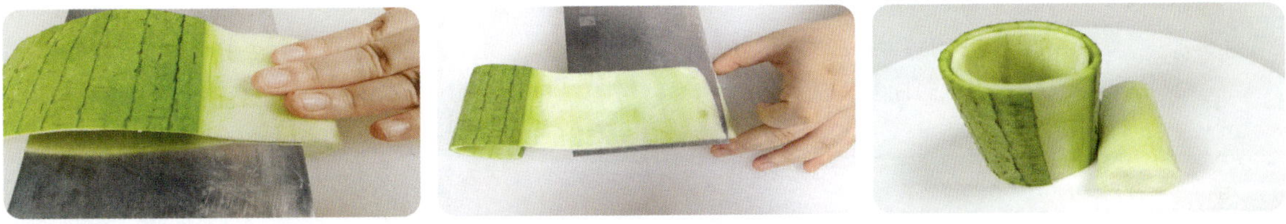

左手向右轻轻滚动丝瓜，右手持续均匀用力向左推进，逐渐将丝瓜皮片下，操作姿势和成品效果如图所示。

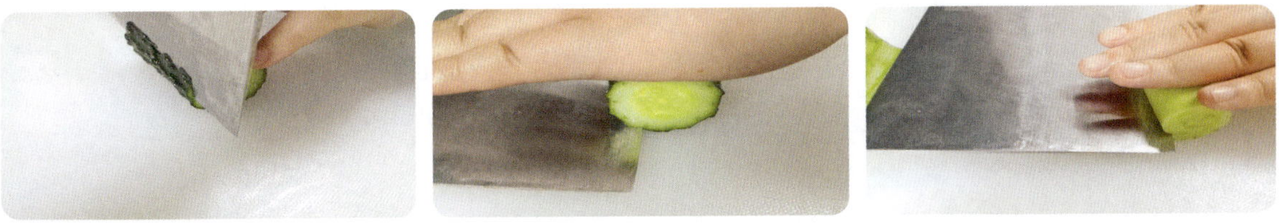

首先，将黄瓜切成均匀的段，长度6～12cm为宜。左手用掌心将黄瓜压住，刀放平，刀刃从底端平推进入。

左手向左轻轻滚动黄瓜，右手持续均匀用力向左推进，逐渐将黄瓜皮片下，操作姿势如图所示。

平刀滚料片：丝瓜

平刀滚料片：黄瓜

项目总结

本项目学习了平刀直片、平刀推片、平刀拉片、平刀推拉片、平刀滚料片的相关知识和技法。

项目考核

一、职业能力应知题

1. ________，指将原料平放在菜墩上，刀面在原料的一个固定位置，与砧板呈平行状态运行的一种刀法。

2. 平刀推片根据原料出片和刀具位置可分为种________和________两种。

3. ________，指运用向里的拉力，刀从左前方向右后方运行移动，与砧板呈平行状态运行，将原料层层片开的一种刀法。

4. 平刀推拉片，又称________。

5. 平刀推拉片，一般用于加工韧性较强、体大、筋多的原料，如________、________、________、________、________等。

6. 平刀滚料片，又称________。

7. 滚料上片一般用于加工________脆性植物原料，如黄瓜、萝卜、竹笋等。

8. 滚料下片一般用于加工________、________或________的韧性较弱的原料，如鸡心、鸭心等。

9. 平刀滚料片要注意刀推进________和原料________保持一致。

10. 平刀滚料片要控制好进刀________，避免把原料切断。

11. 大煮干丝是________的传统名菜。

12. 四川宜宾李庄古镇有三白，分别是“白酒、白糕、________”。

13. 抽刀白肉，创作于1927年，此菜使用的是刀法是________。

14. “无刀不成菜”，________的好坏直接决定了一道菜的味道和美观程度。

二、职业能力应会题

1. 运用平刀直片对豆腐干进行加工。

2. 运用平刀直片对土豆片进行加工。

3. 运用平刀推片对鲤鱼进行加工。

4. 运用平刀推片对豆腐进行加工。

5. 运用平刀拉片对鸡胸肉进行加工。

6. 运用平刀拉片对鹅肝进行加工。

7. 运用平刀推拉片对五花肉进行加工。

8. 运用平刀推拉片对火腿进行加工。

9. 运用平刀滚料片对白萝卜进行加工。

10．运用平刀滚料片对胡萝卜进行加工。

三、职业能力应用题

1．能根据食材特点选用不同刀工技法。

2．能独立运用平刀直片对适用食材进行加工。

3．能独立运用平刀推片对适用食材进行加工。

4．能独立运用平刀拉片对适用食材进行加工。

5．能独立运用平刀推拉片对适用食材进行加工。

6．能独立运用平刀滚料片对适用食材进行加工。

项目四　斜刀法

项目导读

斜刀法，是指刀与砧板或刀与原料之间呈大于0°且小于90°或大于90°且小于180°的角度，左手扶稳原料，右手持刀，使刀在原料中倾斜运动，将原料片开的一种行刀技法。

根据刀具在原料中运行方向不同，可分为斜刀推片、斜刀拉片。

学习目标

1. 掌握斜刀法的相关知识。
2. 能熟练运用所学斜刀法的知识与技能切配不同食材。
3. 培养认真钻研、苦练技能的精神和安全操作、清洁卫生的意识。

实训任务

斜刀推片、斜刀拉片。

任务一
斜刀推片

任务导读

相传，清朝康熙皇帝在享用新泰名公用芹菜做成的菜肴时，碧绿的芹菜不慎掉落在地上，芹菜顿时粉碎四溅，犹如绿宝石在地上翻滚，康熙皇帝龙颜大悦。自此，芹菜变成了康熙皇帝的必吃蔬菜，成为朝中贡品。

清炒芹菜作为一道家常菜，营养丰富。对芹菜的处理上，去除筋丝后，用斜刀推片法，将刀身倾斜一定角度切断原料，从而丰富芹菜的质感。

相关知识

一、定义

斜刀推片，又称反斜刀片，指刀与砧板和原料呈锐角，刀背朝左后方，运刀方向由内向外，运用一定的推力将原料片开的一种刀法。

二、适用原料

一般用于加工脆性、软性原料，如芹菜、玉兰片、熟牛肉、熟肚等。

三、切配方法

将原料放在砧板前侧，左手扶稳原料，中指第一关节顶住刀膛。右手握刀，刀身倾斜，刀背朝左后方，刀刃向前对准原料待片部位，目测或用指法测量厚度，按一定斜度将刀刃推进原料中，运刀将原料断开。左手手指随运刀的角度变化而抬高或放低。每次落刀后左手向后等距离移动，以使片下来的原料厚薄一致。

四、工艺要点

刀身倾斜角度应根据原料成形的规格灵活调整。当原料和砧板之间的摩擦力不好控制时，采用此法来片。操作时注意安全。

学思悟践

1. 学习：整理所学知识，制作本部分知识思维导图。
2. 思考：斜刀推片与斜刀拉片有什么区别？
3. 感悟：读一读下面的文字，谈一谈感悟。

张满心取来一捆芹菜，准备进行斜刀推片练习。在操作过程中，他发现菜刀有时运行不畅，芹菜片的截面带有粗筋。李老师告诉他，对于芹菜，应要先除去筋丝再进行操作。同时，老师指出他的成品厚度不一致，在烹调过程中容易出现生熟不均的现象。

于是，张满心改进了练习方法，不仅效率提高了很多，成品厚薄也均匀了很多。

4. 实践：结合所学知识与技能进行斜刀推片技能训练，填写《实训报告书》（附录1）。

任务准备

仪容仪表：依据实训要求着工作服，做好个人清洁、消毒、安全防护。
实训工具：准备实训必备工具及砧板1个、毛巾1条、菜刀1把、瓷盘3个。
实训原料：娃娃菜、大葱、鱼肉。

任务实施

将娃娃菜叶摘下，放平，左手按住菜帮部分，右手持刀，刀口朝左，稍微倾斜，将刀推进菜帮。

操作时，要目测或指测量厚度，运刀将原料断开，左手手指随运刀的角度变化而抬高或放低。成品效果如图所示。

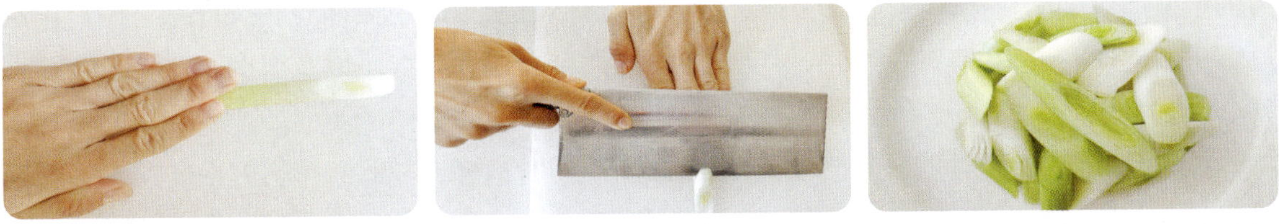

将大葱放于砧板上，左手扶料，右手持刀，按一定斜度将刀刃推进原料中，成品效果如图所示。

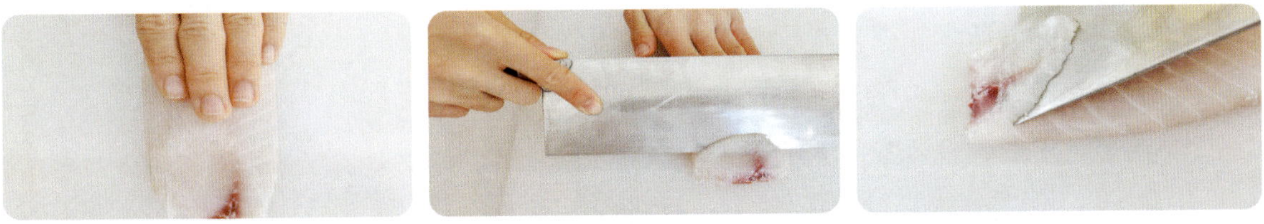

将鱼肉放于砧板上，左手扶料，右手持刀，按一定斜度将刀刃推进原料中，每次落刀后左手向后等距离移动，以使片下来的鱼肉片厚薄一致。成品效果如图所示。

斜刀推片：娃娃菜

斜刀推片：大葱

斜刀推片：鱼肉

任务二

斜刀拉片

任务导读

白菜帮不易入味，而且里面还有一些比较粗的纤维，吃起来口感并不好。但将白菜帮用斜刀拉片的方法处理后，再辅以其他调料制作成凉拌白菜帮，清脆爽口，深受欢迎。在处理白菜帮时，常采用斜刀拉片的方法，要掌握操作要点，确保成品粗细均匀。

相关知识

一、定义

斜刀拉片，又称斜刀片，指刀与砧板和原料呈锐角，刀背朝右前方，运刀方向由右向左，运用一定的拉力将原料片开的一种刀法。

二、适用原料

一般用于加工性脆、质软、性韧而体型较小的无骨原料，如鸡胸肉、腰片、净鱼肉、肚片、白菜帮、扁豆等。

三、切配方法

将原料放在砧板左侧，左手扶稳原料。右手持刀，刀面与砧板呈锐角。刀背略高，用刀刃的中前部对准原料被片部位，刀锋进入原料内部后，从刀的中前部向后拉将原料片开。通过两手的动作和落刀的部位、刀的斜度及运动方向调节厚薄、大小以及斜度。

四、工艺要点

操作时运用腕力，进刀轻准，出刀果断。两手同时运动，随时纠正运刀中的误差。运刀平稳，熟练后可来回移动。

学思悟践

1. 学习：整理所学知识，制作本部分知识思维导图。
2. 思考：斜刀拉片操作时有哪些注意事项？
3. 感悟：读一读下面的文字，谈一谈感悟。

张慧敏在用白菜帮练习斜刀拉片技艺，她为自己总是控制不好刀倾斜的角度而烦恼。

李老师在旁边进行指导时，不仅会关注学生的动作规范性，更注重他们对于手感和视觉反馈的理解与吸收。李老师提示她在操作过程中，刀的角度选择至关重要。一般而言，斜刀的角度控制在15°～45°左右最为适宜，这样可以确保切出的白菜帮都足够薄而均匀。而且，这样的斜度有利于刀片更平滑地穿透食材，减少对食材结构的破坏，保持其天然的鲜美。张慧敏听完后反复练习，终于完成了实习任务。

4. 实践：结合所学知识与技能进行斜刀拉片技能训练，填写《实训报告书》（附录1）。

任务准备

仪容仪表：依据实训要求着工作服，做好个人清洁、消毒、安全防护。
实训工具：准备实训必备工具及砧板1个、毛巾1条、菜刀1把、瓷盘2个。
实训原料：油菜、西芹。

任务实施

左手扶稳原料，右手持刀，刀面与砧板呈15°左右的锐角。刀背略高一些，用刀刃的中前部对准油菜被片部位，按压刀锋进入原料内部。

从刀的中前部向后拉将原料片开，适度调节厚薄、大小和斜度。成品效果如图所示。

左手伸直扶稳西芹，右手持刀用刀刃前端对准被切位置，菜刀与墩面保持45°角，将刀斜片进西芹。

自前向后拉刀，直至将西芹片拉断。操作时运刀要慢，动作要轻，注意安全，成品效果如图所示。

斜刀拉片：油菜

斜刀拉片：西芹

项目总结

本项目学习了斜刀推片、斜刀拉片的相关知识和技法。

项目考核

一、职业能力应知题

1．斜刀片根据刀具在原料中运行________不同，分为斜刀推片、斜刀拉片。

2．斜刀推片，又称________。

3．斜刀推片刀与砧板和原料呈________角。

4．斜刀推片是运用一定的________将原料片开的一种刀法。

5．斜刀推片一般用于加工________、________原料，如________、________、________、________等。

6．斜刀拉片运刀方向________。

7．斜刀拉片，运用一定的________将原料片开的一种刀法。

8．斜刀拉片一般用于加工________、________、________而________的无骨原料，如________、________、________、________、________、________等。

9．斜刀片时，刀身倾斜角度应根据原料________灵活调整。

10．左手原料要稳，________第一关节顶住刀膛。

11．斜刀推片时每次落刀后左手向________等距离移动，以使片下来的原料________一致。

二、职业能力应会题

1．运用斜刀推片对娃娃菜进行加工。

2．运用斜刀推片对大葱进行加工。

3．运用斜刀推片对净鱼肉进行加工。

4．运用斜刀推片对西芹进行加工。

5．运用斜刀推片对玉兰片进行加工。

6．运用斜刀推片对熟牛肉进行加工。

7．运用斜刀拉片对油菜进行加工。

8．运用斜刀拉片对西芹进行加工。

9．运用斜刀拉片对腰片进行加工。

10．运用斜刀拉片对白菜帮进行加工。

11．运用斜刀拉片对净鱼肉进行加工。

12．运用斜刀拉片对鸡胸肉进行加工。

三、职业能力应用题

1．能根据食材特点选用合适的刀法。

2．能独立运用斜刀推片对适用食材进行加工。

3．能独立运用斜刀拉片对适用食材进行加工。

项目五 剞刀法

项目导读

剞刀法，是采用多种切和片的技法，在原料表面划上深而不透的横或竖刀纹，经过烹调后可使原料卷曲成各种形状的刀法。

常见的剞刀花纹有麦穗、菊花、荔枝、鱼鳃、蓑衣等形状。剞，有雕之意，所以又称剞花刀。

根据操作方法的不同可分为直刀剞、直刀推剞、斜刀推剞、斜刀拉剞。

学习目标

1. 掌握剞刀法的相关知识。
2. 能熟练运用所学剞刀法的知识与技能切配不同食材。
3. 培养从事烹饪职业所需的专业知识、技能的能力，强调适应性和针对性。

实训任务

直刀剞、直刀推剞、斜刀拉剞、斜刀推剞。

任务一

直刀剞

任务导读

红烧鲤鱼是一道常见家常菜，以鲤鱼为制作主料，以花生油、湿淀粉、大蒜、酱油等作为辅料。红烧鲤鱼的烹饪技巧以红烧为主，口味咸鲜，呈黄色，鱼嫩鲜香，汁浓味美。

烹饪红烧鲤鱼时，在鲤鱼鱼身直刀剞上一字花刀，深度可根据鱼的大小进行调整，深不可至鱼骨，保持刀距一致、深浅一致。

相关知识

一、定义

直刀剞，指刀具根据原料成形规格，在垂直运行到一定深度时，不完全将原料切断的一种刀法。直刀剞是荔枝形花刀、菊花形花刀、柳叶形花刀、十字形花刀常用的刀法。

二、适用原料

一般用于加工脆性原料，如黄瓜、萝卜、莴笋、豆腐干等，也用于加工质地较嫩的韧性原料，如猪腰、鱿鱼、鲤鱼、青鱼等。

三、切配方法

左手扶稳原料，中指第一关节弯曲顶住刀身。右手持刀，控制好腕力，用刀刃中前部对准原料待切部位，刀在原料上自上而下垂直运行，刀运行到原料厚度的2/3或4/5时停止，如此反复，直至将原料全部剞完。其运刀方法与直刀切相同。运刀时，从右前向左后移动。

四、工艺要点

握刀要稳，用力均衡，下刀要准，刀距均匀。掌握好进刀深度，做到深浅一致。

学思悟践

1．学习：整理所学知识，制作本部分知识思维导图。

2．思考：直刀剞操作过程中有哪些注意事项？

3．感悟：读一读下面的文字，谈一谈感悟。

作为一名优秀厨师，一要具备高尚的厨德，凡做人做事，以德为先，厨德是从事厨师的首要条件，千百年来，厨师学徒往往拜德高的厨师为师；二要掌握精湛的厨艺，厨艺是立业之基，无论是延续传统菜肴的做法，还是大胆创新开发新菜品，都需要厨艺做保障；三要通晓精深的厨理，作为新时代从事烹饪工作的人员，我们既要学习技能知识，又要重视理论知识，这是我们与传统厨师最大的不同。厨师的德、艺、理相互依存，相得益彰。

4．实践：结合所学知识与技能进行直刀剞技能训练，填写《实训报告书》（附录1）。

任务准备

仪容仪表：依据实训要求着工作服，做好个人清洁、消毒、安全防护。
实训工具：准备实训必备工具及砧板1个、毛巾1条、菜刀1把、削皮刀1把、瓷盘2个。
实训原料：黄瓜、青萝卜。

任务实施

将黄瓜去皮，整理方正一些。右手握稳刀柄，左手自然弯曲顶住刀膛，菜刀前端对准黄瓜被切位置，自上至下切进黄瓜3/4处。

切到最后，翻过来，用同样的方法切，掌握好刀距，做到间距一致，切好后轻轻拉开不会断开。成品效果如图所示。

将青萝卜去皮，整理方正。右手握稳刀柄，左手自然弯曲顶住刀膛，用菜刀前端对准萝卜被切位置，自上而下切进3/4处，下刀要稳。

切到最后，翻过来，用同样的方法切，掌握好进刀深度，做到深浅一致。切好后轻轻拉开不会断开。成品效果如图所示。

直刀刳：黄瓜

直刀刳：青萝卜

任务二

直刀推剞

任务导读

相传，晚清时重庆一位厨师烹饪技术享誉巴蜀。可受“传男不传女”的迂腐思想所限，他只教女儿一些家常菜。在一年春节前，他生病了，交代女儿准备年夜饭。丰盛的大餐使父亲十分震惊，尤其是一道烤鱼让他叹为观止，他看到女儿极具做菜天赋，就将厨艺传授给女儿。后来女儿进一步改良了万州烤鱼的做法。万州烤鱼是重庆特色传统菜肴，麻辣鲜香、外皮香脆、肉质鲜嫩。在原料的处理上，在鱼肉两面用直刀推剞，划上一字花刀，进行烤制。

相关知识

一、定义

直刀推剞，指刀与砧板和原料垂直，运用一定的推力，在原料表面切割一定深度而不将原料切断的一种刀法。

二、适用原料

一般用于加工韧性原料，如鱿鱼、猪肚、猪腰、肝脏、墨鱼、通脊肉等原料，也可用于加工一些脆性原料，如萝卜、冬瓜等。

三、切配方法

左手扶稳原料，中指第一关节弯曲顶住刀身。右手持刀，刀锋与砧板或原料保持垂直。控制好腕力，用刀刃中前部对准原料待切部位，刀在原料上由近向远运行，刀运行到原料厚度的2/3或4/5时停止，将刀收回，如此反复，直至将原料全部剞完并达到加工要求为止。

四、工艺要点

运刀时做到下刀准，用力均衡。每剞一刀，左手和刀具都要移动一次，且距离相等。操作时，注意安全。

学思悟践

1. 学习：整理所学知识，制作本部分知识思维导图。
2. 思考：直刀推剞操作过程中有哪些注意事项？
3. 感悟：读一读下面的文字，谈一谈感悟。

作为厨师，我们从事的职业是加工由生变熟并且直接入口的产品，所以我们必须要崇尚良好的社会公德，必须严格遵守行业规范，必须对食客的健康负责。厨师是一种高尚的职业。如果单从职业的角度讲，我们每个人都可以做厨师，但不一定每个人都可以做一名优秀的厨师。优秀的厨师必须具备高尚的厨德，而高尚的厨德是一种境界，需要更多方面的修养。

4. 实践：结合所学知识与技能进行直刀推剞技能训练，填写《实训报告书》（附录1）。

任务准备

仪容仪表：依据实训要求着工作服，做好个人清洁、消毒、安全防护。
实训工具：准备实训必备工具及砧板1个、毛巾1条、菜刀1把、瓷盘2个。
实训原料：里脊肉、鲤鱼。

任务实施

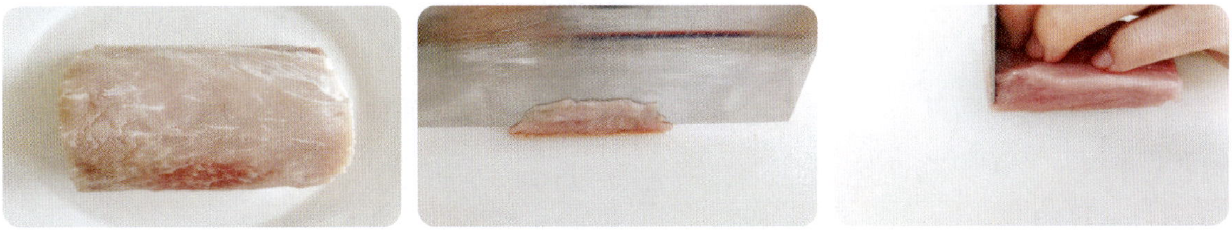

将原料放于砧板上，左手四指压住原料以防滑动，右手持刀，刀身垂直，刀刃朝下用力。

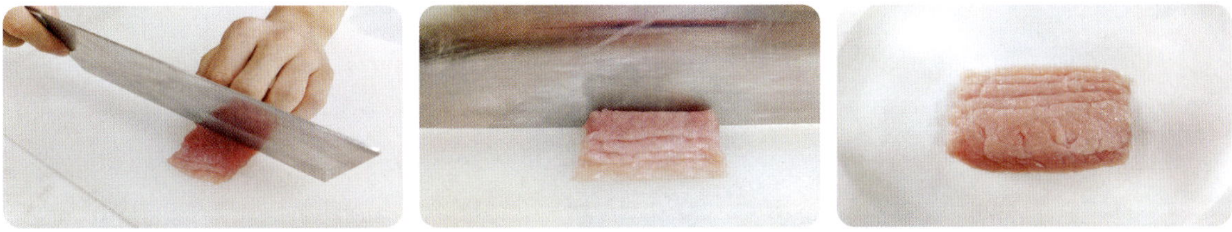

切进原料2/3或4/5时停止，将刀收回，继续操作，直至将原料全部剞完。操作方法如图所示。

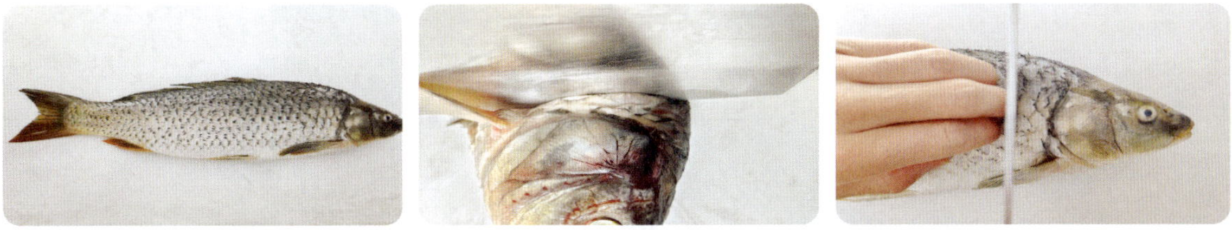

将鲤鱼宰杀干净，左手扶住鱼头下部，四指弯曲，指关节顶住刀身。

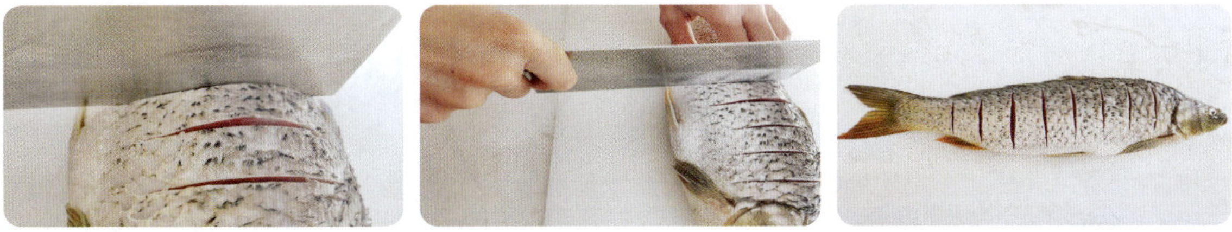

向下运刀，到切进鱼骨时退出，每剞一刀，左手和刀具都要移动一次，且距离相等。操作方法如图所示。

直刀推剞：里脊肉

直刀推剞：鲤鱼

任务三

斜刀拉剞

任务导读

整鱼两吃是山东传统的名菜，造型美观、酸甜可口、咸鲜适口，一条鱼做成两种口味是这道菜独有的特色，丰富了人们的味蕾。在原料的处理上，将鱼肉去头，鱼身用平刀法切成两面，一面改刀成松鼠花刀，炸至金黄，浇糖醋汁。一面用刀倾斜45°拉成薄片，抹上馅心卷成合页鱼，浇咸鲜汁。

相关知识

一、定义

斜刀拉剞，指刀与砧板和原料呈一定倾斜度，运用一定的拉力，在原料表面切割一定深度而不将原料切断的一种刀法。

二、适用原料

一般用于加工韧性原料，如猪腰、鱿鱼、猪肉、鱼类等，也用于加工脆性原料，如萝卜、黄瓜等。

三、切配方法

左手四指自然合并，扶稳原料一边。右手根据特定花刀目测好刀距，将刀倾斜一定角度，用刀刃中后部对准原料被剞部位，刀在原料中按照一定倾斜度自后向前运行，刀锋运行到原料厚度的2/3或4/5时停止，将刀抽出，再重复此法进行剞直至达到花刀加工要求为止。

四、工艺要点

运刀时做到下刀准，用力均衡。每剞一刀，左手和刀具都要移动一次，且距离相等。目测刀距要反复训练，以提高准确性。

学思悟践

1. 学习：整理所学知识，制作本部分知识思维导图。
2. 思考：斜刀拉剞操作过程中有哪些注意事项？
3. 感悟：读一读下面的文字，谈一谈感悟。

当前，餐饮行业飞速发展，中华烹饪文化需要我们这代人继承和发扬。新时代的厨师，必须有良好的敬业精神。这就要求我们热爱自己的职业，能够时刻保持高昂的学习热情，一丝不苟的学习态度，遇到困难不退缩的精神。常言说“干一行爱一行，专一行精一行”。其实，做起来并不难，只要把厨师这个职业当成终身的事业来做，努力学习新理念、新技术、新知识，刻苦钻研，脚踏实地做好每一件小事，不断开拓创新，就一定会成为优秀的厨师。

4. 实践：结合所学知识与技能进行斜刀拉剞技能训练，填写《实训报告书》(附录1)。

任务准备

仪容仪表：依据实训要求着工作服，做好个人清洁、消毒、安全防护。
实训工具：准备实训必备工具及砧板1个、毛巾1条、菜刀1把、瓷盘2个。
实训原料：鲤鱼、里脊肉。

任务实施

将鲤鱼宰杀洗净，左手按住鱼身，右手将刀倾斜，角度要根据鲤鱼的大小而定。

用刀刃对准原料被剞部位，自后向前运行到原料厚度的2/3或4/5时停止，将刀抽出，再用此法进行。操作手法如图所示。

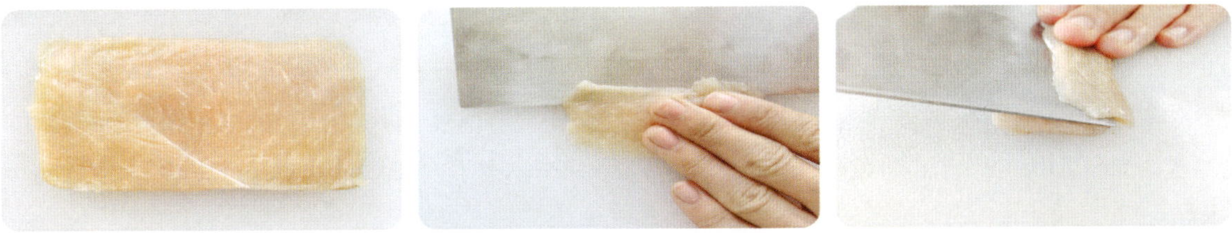

左手四指自然合并扶稳原料。右手运刀时下刀要准、用力适度。

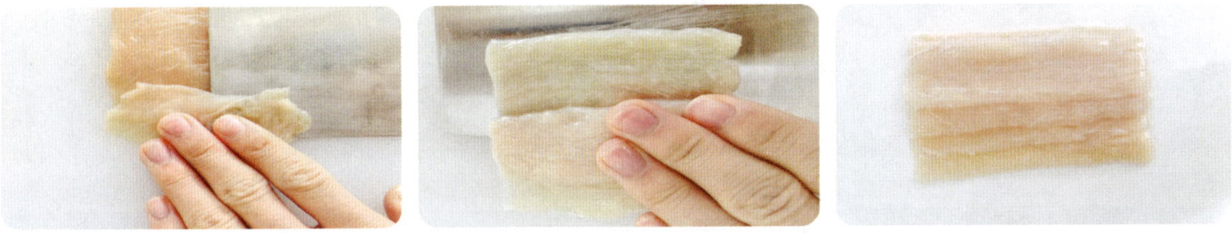

每剞一刀，左手和刀具都要向同一方向移动一次，且每次移动的距离相等。操作手法如图所示。

斜刀拉剞：鲤鱼

斜刀拉剞：里脊肉

任务四

斜刀推剞

任务导读

干烧岩鲤是川菜的传统经典名菜，采用“干烧”的独特技法烹制而成。在烹制过程中加入鲜汤，使鱼本身的鲜味和汤汁的鲜味完美融合，经过加热，融合了鱼肉的鲜香滋味的汤汁，自然收汁，黏在鱼肉表面，使鱼肉具有浓厚的滋味。

干烧岩鲤在原料的处理上，选用长江上游的岩原鲤，在岩鲤鱼身斜剞，刀身倾斜度要保持一致，深度可根据鱼的大小进行调整，在鱼身上采用斜刀推剞的方法剞上刀距3cm、深0.5cm的花纹。炸制定形，干烧自然收汁。

相关知识

一、定义

斜刀推剞，指刀与砧板和原料呈一定倾斜度，运用一定的推力，在原料表面切割一定深度而不将原料切断的一种刀法。

二、适用原料

一般用于加工韧性原料，如猪腰、鱿鱼、猪肉、鱼类等。

三、切配方法

左手扶稳原料，中指第一关节微弓，紧贴刀身。右手持刀，刀背向里，刀口对外，刀身的左侧始终与砧板或原料呈锐角，即刀在原料中做倾斜运动。当刀刃运行到原料厚度的2/3或4/5时停止，然后将刀取回，再重复此方法直至达到加工要求。其运刀方法与斜刀推片相同。

四、工艺要点

运刀时做到下刀准，用力均衡。运刀角度的大小应根据原料的厚度和对原料成形要求而定。每剞一刀，左手和刀具都要移动一次，且距离相等。

学思悟践

1. 学习：整理所学知识，制作本部分知识思维导图。

2. 思考：斜刀拉剞和斜刀推剞在操作过程中有哪些不同？

3. 感悟：读一读下面的文字，谈一谈感悟。

美食无国界，一名优秀的厨师要将世界餐饮潮流与传统烹饪匠心结合起来。如果我们在工作中，坚持常学常进，能在传统烹饪技艺基础上加上国际视角、多元文化和勇于尝试的探索精神，一定会为厨师开拓新的天地，更好地传承中餐烹饪技艺，更好地传播中国饮食文化。

4. 实践：结合所学知识与技能进行斜刀推剞技能训练，填写《实训报告书》（附录1）。

任务准备

仪容仪表：依据实训要求着工作服，做好个人清洁、消毒、安全防护。
实训工具：准备实训必备工具及砧板1个、毛巾1条、菜刀1把、瓷盘2个。
实训原料：草鱼、里脊肉。

任务实施

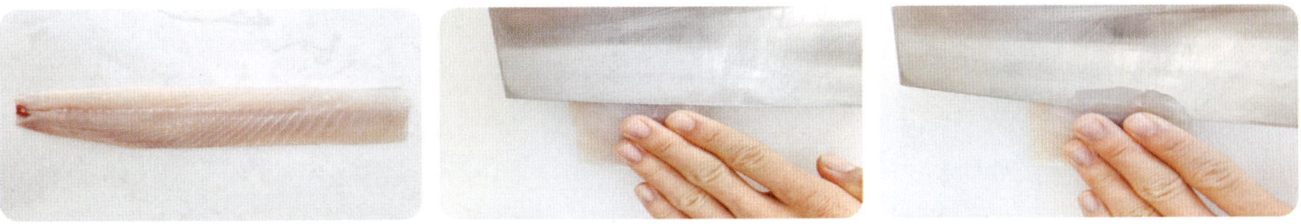

运用直刀法将鱼肉修成长条状。左手手指按稳原料左端，右手持刀，对准待切部位，刀刃向左，刀身与原料和菜墩呈锐角，轻轻向下推进。

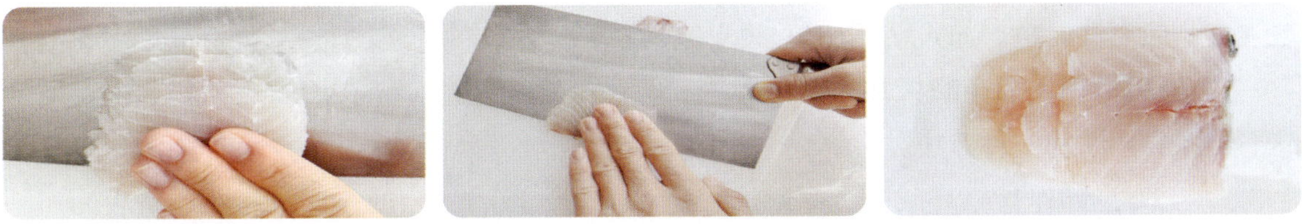

进刀后向左下方拉动，深至鱼皮，将刀取出，然后保持相同的倾斜度与刀距，依次剞完即可。片数根据原料的厚度和成形要求决定。操作手法如图所示。

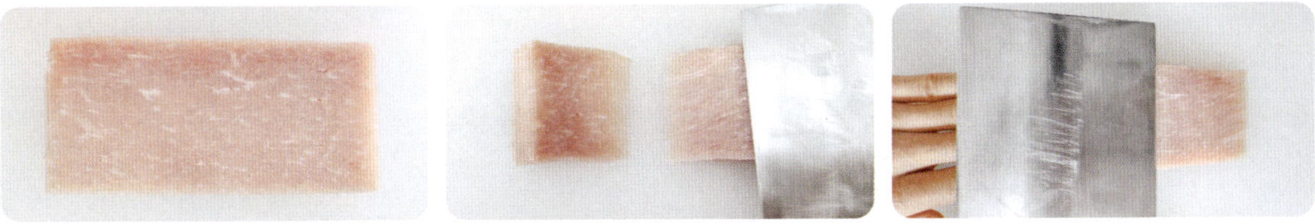

斜刀将原料切出斜面，然后左手扶住原料，右手持刀，刀身倾斜对准待切部位。

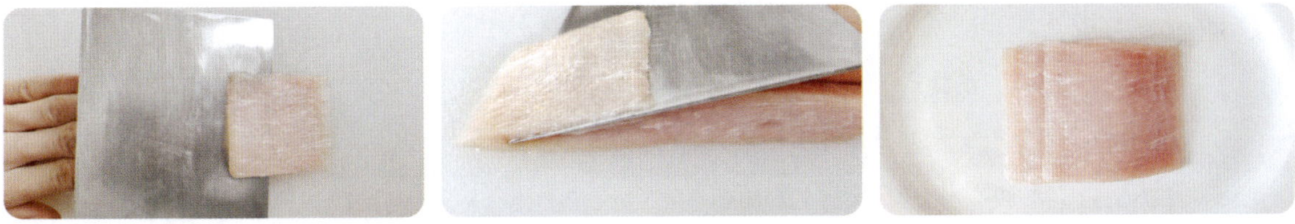

刀向右推进，在进入4/5左右时停住，然后将刀抽出，左手向后等距离移动，再切下一刀，重复操作直至原料切完。成品效果如图所示。

斜刀推剞：草鱼

斜刀推剞：里脊肉

项目总结

本项目学习了直刀剞、直刀推剞、斜刀拉剞、斜刀推剞的相关知识和操作技法。

项目考核

一、职业能力应知题

1. 剞刀法，是采用多种______和______的技法。

2. 剞，有雕之意，所以又称______。

3. 直刀剞，指刀具根据原料成形规格，在______运行到一定深度时，______将原料切断开的一种刀法。

4. 直刀剞是______花刀、______花刀、______花刀、______花刀常用的刀法。

5. 直刀剞一般用于加工______原料，如黄瓜、萝卜、莴笋、豆腐干等。也用于加工质地______的韧性原料，如猪腰、鱿鱼、鲤鱼、青鱼等。

6. 直刀推剞，刀与砧板和原料______，运用一定的______，在原料表面切割一定深度而不将原料切断的一种刀法。

7. 斜刀推剞，指刀与砧板和原料呈一定______，运用一定的______，在原料表面切割一定深度而不将原料切断的一种刀法。

8. 斜刀拉剞，指刀与砧板和原料呈一定______，运用一定的______，在原料表面切割一定深度而不将原料切断的一种刀法。

9. 万州烤鱼是______特色传统菜肴。

10. 厨师的______、______、______相互依存，相得益彰。

11. 干烧岩鲤是______的传统经典名菜。

12. 常言说“干一行爱一行，专一行______”。

13. 斜刀推剞要求运刀时做到______，用力______。

二、职业能力应会题

1. 运用直刀剞对黄瓜进行加工。

2. 运用直刀剞对青萝卜进行加工。

3. 运用直刀推剞对里脊肉进行加工。

4. 运用直刀推剞对鲤鱼进行加工。

5. 运用斜刀推剞对草鱼进行加工。

6. 运用斜刀推剞对里脊肉进行加工。

7. 运用斜刀拉剞对鲤鱼进行加工。

8. 运用斜刀拉剞对里脊肉进行加工。

三、职业能力应用题

1. 能根据食材特点选择合适的加工方法。

2. 能独立对各种食材进行直刀剞加工。
3. 能独立对各种食材进行直刀推剞加工。
4. 能独立对各种食材进行斜刀推剞加工。
5. 能独立对各种食材进行斜刀拉剞加工。

项目六 基本料形

项目导读

原料成形，指运用各种不同的刀法，将烹饪原料加工成形状各异、形态美观、易于烹调和符合食用要求的原料形状。

基本料形，指构成菜肴的各种基本形状，如块、段、片、条、丝、丁、粒、米、末、蓉、球等。

基本料形加工方法简单，是运用切、剞、砍、片等刀法，将原料从大到小、从粗到细、从厚到薄的加工过程，其各种料形之间的关系如下图所示。

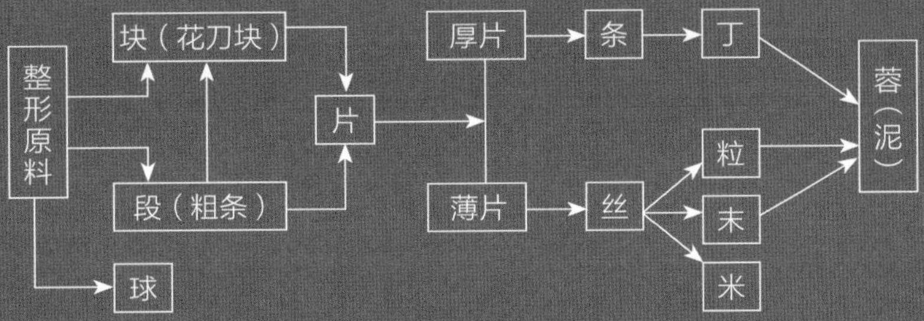

学习目标

1. 掌握基本料形的相关知识。
2. 能熟练运用所学基本料形的知识与技能切配不同食材。
3. 培养从事烹饪职业所需要的总结工作方法、学习方法方面的能力。

实训任务

块、段、片、条、丝、丁、粒、米、末、蓉、球。

任务一

块

任务导读

在清代同治年间，成都万福桥边有一家小饭店，这家店的老板很早就去世了，店面一直由老板娘经营，她有独特的烹制豆腐的烹饪手法，烧出来的豆腐麻辣鲜香、味道可口。当时这道菜并没有正式名字，因其脸上有麻子，人称陈麻婆，于是，她做的豆腐就叫作麻婆豆腐。麻婆豆腐的特点在于麻、辣、鲜、香、烫、嫩、酥、整。在豆腐的处理上，一般切成大小均匀的方块形状，太小的块易碎，太大的块不易入味，操作过程中不能随意翻拌，只能用勺子背面轻轻推，才能最大限度保证豆腐块的完整。

相关知识

一、定义

块，指运用切、砍、剁等刀法加工成的立方体料形，是烹饪原料基本料形中较大的一种形状。

二、适用原料

一般用于加工脆性原料、韧性原料、带骨原料以及豆腐、猪血等。常见菜品有清炖牛肉、干烧鳝鱼段、红烧带鱼等。

三、操作方法

成形规格不同则采用方法不同。质地松软、脆嫩无骨、非冷冻的原料可采用切的方法。质地坚硬、带皮带骨或冰冻的原料采用斩或砍的方法。

四、工艺要点

块常分为大方块、小方块、骨牌块、滚料块、瓦块、劈柴块、菱形块等。用加热时间长的烹饪技法，块需要加工得大一些，反之则小一些。操作时，持刀要稳，下刀要准，用力均匀，刀距一致，成形均匀。

学思悟践

1. 学习：整理所学知识，制作本部分知识思维导图。

2. 思考：切块操作过程中有哪些注意事项？

3. 感悟：读一读下面这段话，与同学一起谈一谈感受。

块的规格可根据原料灵活运用。有的原料受本身的限制，块的形状不是很规则，应尽量做到形状大小整齐、均匀。有的原料较小，可直接加工成块。有的原料较大，一般按规格先切或斩成条、段，再按要求改刀成块。

4. 实践：结合所学知识与技能进行切块技能训练，填写《实训报告书》(附录1)。

任务准备

仪容仪表：依据实训要求着工作服，做好个人清洁、消毒、安全防护。
实训工具：准备实训必备工具及砧板1个、毛巾1条、菜刀1把、削皮刀1把、瓷盘2个。
实训原料：土豆、胡萝卜。

任务实施

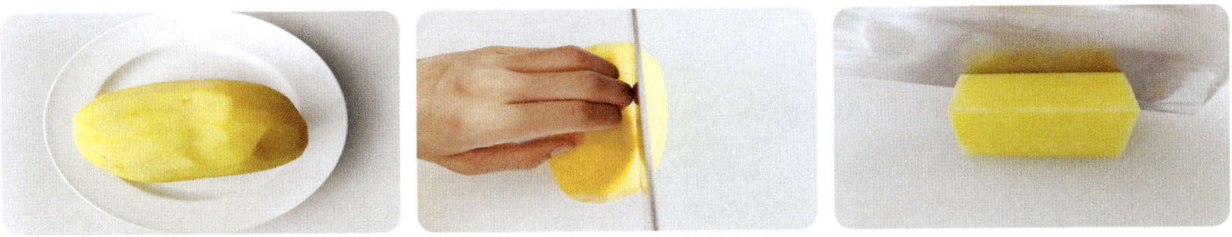

将土豆削皮初加工，用直刀法修整料形成正方体，操作时注意安全。

运用直刀切将原料切开，再将原料均匀地切成两半，最后继续切成均匀的块。正方块成品效果如图所示。

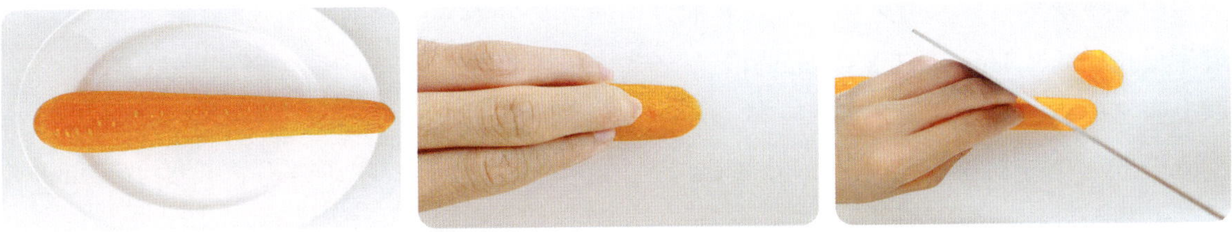

将胡萝卜削皮初加工，左手将原料码好，斜45°直刀切。

将原料向内侧转90°，斜45°直刀切。滚料块前三刀如图所示（从左往右分别为第1刀、第2刀、第3刀），滚料块成品效果如图所示。

块：
土豆

块：
胡萝卜

任务二

段

任务导读

民间有“小暑黄鳝赛人参”的说法，每年夏天6～8月鳝鱼最为肥美，肉多刺少，营养丰富。鳝鱼做法非常多，清蒸、红烧、炸制，每种烹饪方式都会带来独特的味觉感受。红烧鳝鱼段是一道色、香、味、形俱佳的菜品。在原料的选择上，选择的鳝鱼不能太粗，也不能太细，太粗肉质老，太细缺少口感，宽窄要合适。将鳝鱼切成长短粗细相等的段，红烧而成。

相关知识

一、定义

段，指运用切、砍、剁等刀法，将原料横截成自然小截或断开，是烹饪原料基本料形中较常见的一种形状。

二、适用原料

一般用于加工韧性原料、脆性原料或带骨的原料，如鳝鱼、排骨、腐竹、黄瓜、莲藕、香葱等，常见菜品有香煎带鱼、红烧排骨等。

三、操作方法

根据成形规格，一般采用直刀切或推刀切的方法，带骨原料则采用剁的方法。将原料切或剁成长2.5～3.3cm，宽0.8～1cm的段。

四、工艺要点

一般保持原料本身的宽度，分为粗段、细段。脆性原料要求细一些，长度小于3.3cm。韧性原料要求粗一些，稍长一些。

学思悟践

1. 学习：整理所学知识，制作本部分知识思维导图。
2. 思考：切段操作过程中有哪些注意事项？
3. 感悟：读一读下面的文字，谈一谈感悟。

切段不仅仅是简单地将食材一分为二或是切成几块，而是要根据食材的特性、菜品的要求来调整切割的角度、长度和宽度。例如，肉类的切段要顺着肌理走，确保肉在烹饪过程中保持嫩滑；而蔬菜的切段则要根据其纤维的分布来决定，以便最大程度保留其清脆的口感。

现代厨艺中，切段技巧的应用更为精细。合适的切割方法可以减少营养成分在烹饪过程中的流失，如水溶性维生素和矿物质等。

因此，精准的刀工不仅提升了菜肴的美感和口感，也在一定程度上保证了食物的营养价值。

4. 实践：结合所学知识与技能进行切段技能训练，填写《实训报告书》（附录1）。

任务准备

仪容仪表：依据实训要求着工作服，做好个人清洁、消毒、安全防护。
实训工具：准备实训必备工具及砧板1个、毛巾1条、菜刀1把、瓷盘2个。
实训原料：蟹柳、带鱼。

任务实施

首先，将蟹柳整理干净。然后，运用直刀法切掉蟹柳的两头。接着，运用直刀法切蟹柳段。

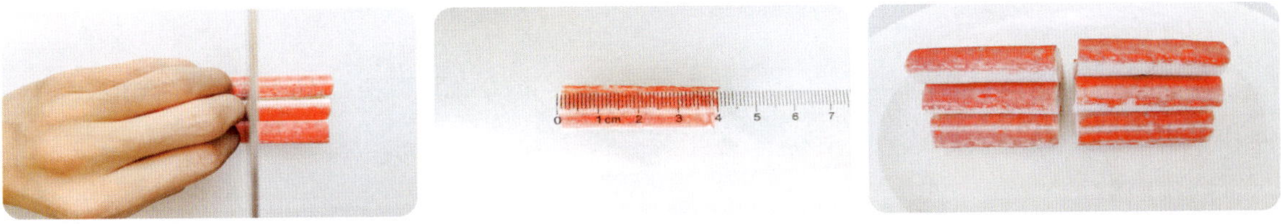

直刀切时，左手扶稳原料，右手垂直下刀。一般要求长度为4cm左右。最后，将改好刀的蟹柳段装盘，成品效果如图所示。

首先，将带鱼整理干净。然后，运用直刀切将带鱼头、鱼尾切掉，净料与下脚料对比如图所示。

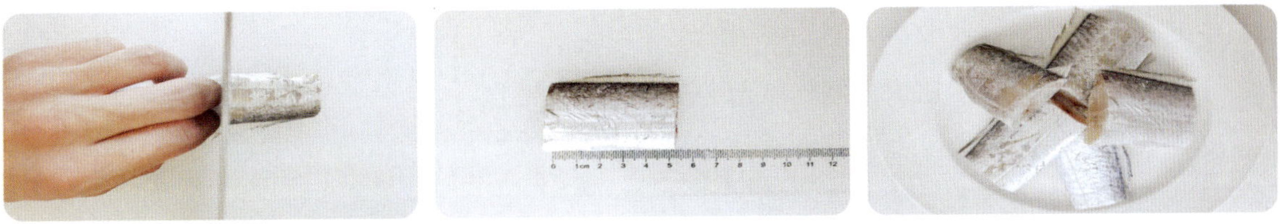

接着，运用直刀切将带鱼切成长度5cm左右的段，将剩余带鱼按照规格切完，最后，将带鱼段装盘。带鱼段成品效果如图所示。

段：蟹柳

段：带鱼

任务三

片

任务导读

清朝末年，百姓吃不起肉，达官贵人吃牛肉不吃内脏。这些牛的内脏被小商贩低价买去，做成小吃。成都街头有一对夫妻售卖牛肉和内脏混在一起的小吃，非常好吃，又经济实惠，深受人们喜爱，故又称夫妻肺片。1949年之后，经过几代人的努力，夫妻肺片成为闻名中外的菜品。夫妻肺片制作非常精细、口味麻辣鲜香。在原料的处理上，将牛肉等卤制之后切成薄片，凉拌而成。

相关知识

一、定义

片，指运用切或片等刀法，将原料加工成扁薄平面结构的料形，是烹调中应用广泛的一种基本料形。一般分长方片、指甲片、菱形片、夹刀片、月牙片、柳叶片等。

二、适用原料

一般用于加工脆性、韧性原料、质地松软或软嫩的原料，如黄瓜、莴苣、土豆、姜、茄子、丝瓜、猪肚等。常见菜品有夫妻肺片、熘肚片等。

三、操作方法

蔬菜类、瓜果类的原料一般采用直刀切；韧性原料一般采用推刀切、拉刀切；质地坚硬或松散易碎的原料采用锯刀切；薄而扁平的原料采用片的加工方法。

四、工艺要点

质地嫩、易碎的原料片厚一些；质地硬、韧性或脆性的原料应薄一些。用于汆汤的片，要薄一些；用于滑炒、炸的片，要厚一些。

学思悟践

1．学习：整理所学知识，制作本部分知识思维导图。

2．思考：切片操作过程中有哪些注意事项？

3．感悟：读一读下面的文字，谈一谈感悟。

三套鸭是一道工序比较烦琐的菜肴，非常能体现厨师精湛的刀工。将野鸭、家鸭、鸽子分别剔骨取肉，还要保证皮不能破，整个过程必须小心翼翼地去操作，稍有不慎就会前功尽弃，把切、剔、旋等刀法运用得淋漓尽致，去过骨头的鸭子要保持外观形态的完整。然后将三禽环环相套，慢慢炖煮，成菜后每一层都香气扑鼻，肉香唯美，令人回味无穷。

4．实践：结合所学知识与技能进行切片技能训练，填写《实训报告书》（附录1）。

任务准备

仪容仪表：依据实训要求着工作服，做好个人清洁、消毒、安全防护。
实训工具：准备实训必备工具及砧板1个、毛巾1条、菜刀1把、尺子1把、瓷盘2个。
实训原料：黄瓜、火腿。

任务实施

首先，将黄瓜去除头尾。然后，斜45°直刀切段，要求每段长度一致。

接着，用直刀切将黄瓜块均匀切片，注意要用中指的第一个关节顶住刀身，要求每片厚度一致。菱形片效果如图所示。

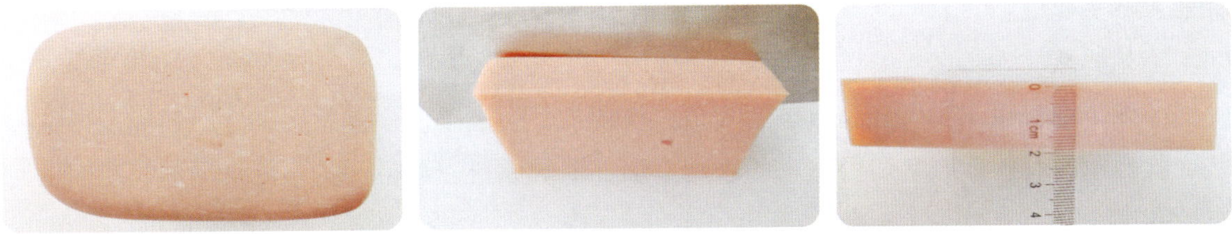

首先，将原料修形，用直刀切将原料切成长方块，长方块的宽度要保持在2cm左右。

长方块的长度要保持在4～5cm。然后，用直刀法将长方块改刀为长方形片。长方形片成品效果如图所示。

片：黄瓜

片：火腿

任务四

条

任务导读

麻辣牛肉干成菜特点颜色红亮、油润麻辣、鲜香诱人、入口酥香成渣，是大宴小酌之佳品。牛肉干含有人体所需的多种矿物质和氨基酸，既保持了牛肉耐咀嚼的风味，又使得牛肉的香味和调味品的味道融合。在原料的处理上，牛肉剔去筋膜，水里放好调料稍微煮制，切条后炒制而成。

相关知识

一、定义

条，指运用片、切等刀法，将片状原料加工成宽0.5～1cm的细长料，条比丝粗。

二、适用原料

一般用于加工韧性原料、脆性原料、软性原料，如薯条、黄瓜条、里脊条等。常见菜品有干煸牛肉、干煸土豆、姜汁黄瓜、糖醋排条等。

三、操作方法

根据原料的成形规格，将原料切成厚片或段，再加工成相应大小的条，条的两头应成正方形。持刀要稳，下刀要准，用力均匀，刀距统一。

四、工艺要点

条按粗细长短一般可分为粗条、细条、筷梗条、小指条、一字条。韧性原料应切得细一些，脆性原料和软性原料切得粗一些。用于烧、煨的原料应切粗一些，用于滑炒、滑熘的原料应切细一些。

学思悟践

1．学习：整理所学知识，制作本部分知识思维导图。

2．思考：切条操作过程中有哪些注意事项？

3．感悟：读一读下面的文字，谈一谈感悟。

粗条，指切割出的食材呈现较粗的直条纹路。常用于需要炖煮或爆炒的食材，比如土豆和胡萝卜。细条，通常用于质地柔软的食材，如黄瓜、茄子等。细条不仅让食物更易入味，还能使菜肴看起来更加精致。筷梗条，是模仿筷子的粗细程度来切割食材，常见于一些素菜或肉类的处理上。小指条，是比筷梗条更细的条，它多用于需要快速烹饪且要求口感嫩滑的食材，例如里脊肉或鱼片。一字条，要求食材被切得极薄而长，形似古代书法中的“一”字，因此得名。这种刀法适用于需要透明感或者轻盈感的菜肴。

4．实践：结合所学知识与技能进行切条技能训练，填写《实训报告书》（附录1）。

任务准备

仪容仪表：依据实训要求着工作服，做好个人清洁、消毒、安全防护。
实训工具：准备实训必备工具及砧板1个、毛巾1条、菜刀1把、尺子1把、瓷盘2个。
实训原料：里脊肉、青萝卜。

任务实施

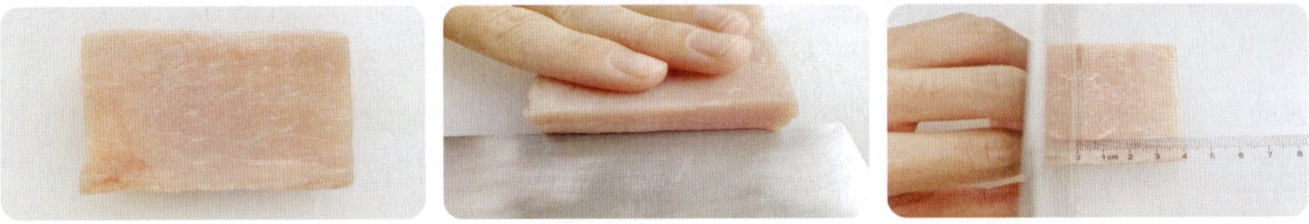

首先，用直刀法修里脊肉两头和两面。然后，运用平刀法将里脊肉按照1cm厚片成片。

接着，按照4cm长改刀成形。最后，直切成粗度为1cm的长条，操作时注意安全。一字条成品效果如图所示。

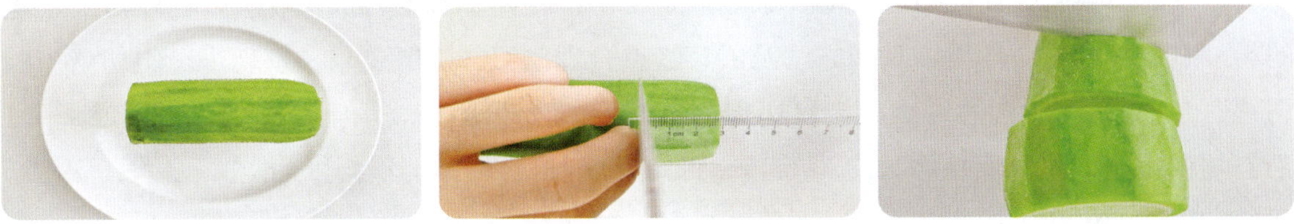

首先，将青萝卜去皮去掉两头。然后，运用直刀法将青萝卜按照长度修成形，切成3cm厚度的段。

接着，用直刀切将青萝卜切成厚度约0.7cm的片。最后，切成0.7cm宽度的条，筷子条成品效果如图所示。

条：
里脊肉

条：
青萝卜

任务五

丝

任务导读

鱼香肉丝，以鱼香调味而定名。鱼香味的菜肴是近几十年才有的，首创者为民国初年的四川厨师。“鱼香”由泡辣椒、川盐、酱油、白糖、姜末、蒜末、葱调制而成，咸、甜、酸、辣兼具，同时突出葱、姜、蒜的味道。独特的滋味像是在细细品尝生活的酸甜苦辣，因此受到了人们的欢迎。鱼香肉丝在原料处理上，将肉加工成片，再切成中粗丝，然后烹制而成。

相关知识

一、定义

丝，指将薄片形原料运用切、片等刀法加工成细长的形状。

二、适用原料

一般用于加工无骨动物性原料、脆嫩的植物性原料及部分软性原料，如里脊肉、鸡胸肉、青椒、土豆、萝卜等。常见菜品有酸辣土豆丝、鱼香肉丝等。

三、操作方法

切丝前，将原料片或切成大薄片，排成瓦楞形，在此基础上切成丝状。片的厚薄决定丝的粗细。要根据原料性质、烹调方法及成菜特点合理改刀，一般要求“横切牛、斜切猪、顺切鸡”，这是因为牛肉肌纤维较老且肌肉韧带较多，应当横切；猪肉比牛肉嫩，筋较细，应当斜切或顺切；鸡肉质地嫩，应当顺切，否则烹调时易碎。细丝常用于滑炒、滑熘、爆炒，粗丝常用于干煸、生炒。

四、工艺要点

切片厚薄均匀，排叠整齐，不能叠得过高。左手按稳原料不可滑动。

学思悟践

1. 学习：整理所学知识，制作本部分知识思维导图。

2. 思考：切丝操作过程中有哪些注意事项？

3. 读一读下面这段话，与同学一起交流、区分不同丝的区别。

头粗丝长5～8cm，宽0.4cm，厚0.4cm，适用于收缩率大、易碎、易断的原料，如胡萝卜丝、鱼丝等。中粗丝长4～8cm，宽0.3cm，厚0.3cm，适用于收缩率小，具有一定韧性的原料，如里脊肉、牛肉等。细丝长5～8cm，宽0.2cm，厚0.2cm，适用于富含植物纤维的脆嫩性原料，如萝卜、黄瓜、莴苣等。银针丝长5～8cm，宽0.1cm，厚0.1cm，适用于富含植物纤维的脆嫩性原料，如萝卜、黄瓜、莴苣等。

4. 实践：结合所学知识与技能进行切丝技能训练，填写《实训报告书》(附录1)。

任务准备

仪容仪表：依据实训要求着工作服，做好个人清洁、消毒、安全防护。
实训工具：准备实训必备工具及砧板1个、毛巾1条、菜刀1把、削皮刀1把、瓷盘2个。
实训原料：里脊肉、胡萝卜。

任务实施

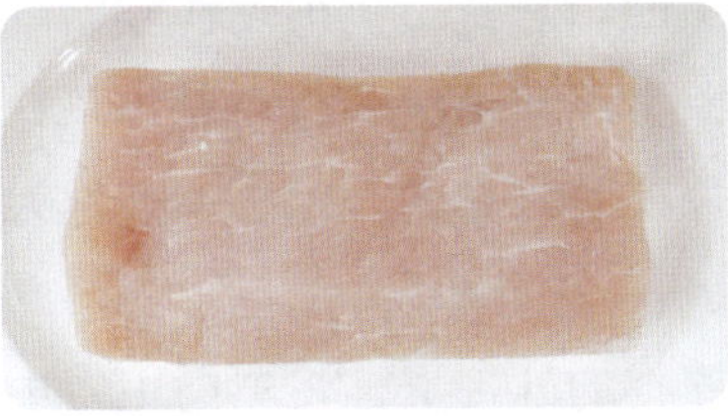
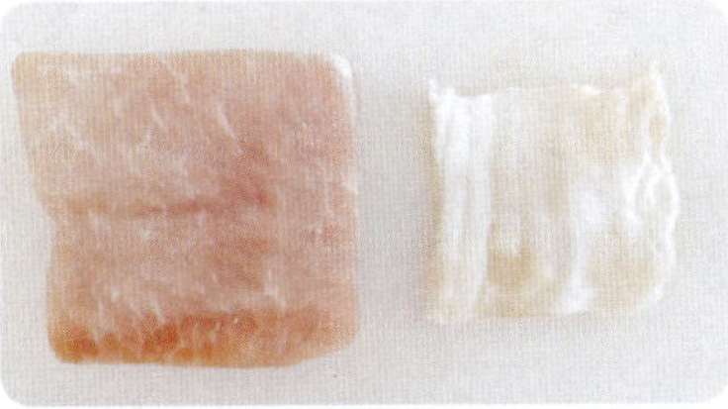
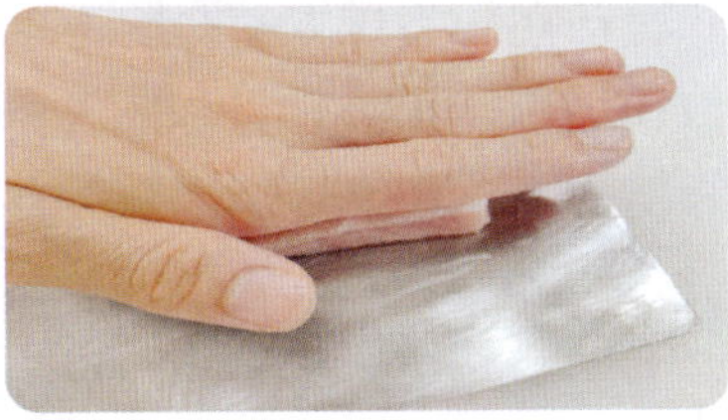

用平刀法将肉皮片下。左手按稳原料，右手平刀片进肉中。

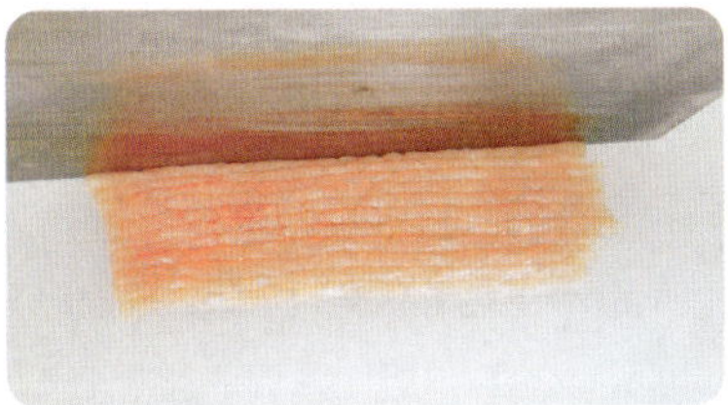

将里脊肉片摆放整齐，用直刀切的方法，将其切成均匀一致的肉丝。成品效果如图所示。

用直刀法将胡萝卜大体修形。运用推拉刀片将胡萝卜片成0.1cm厚的片。接着，将所有的片叠码成形。

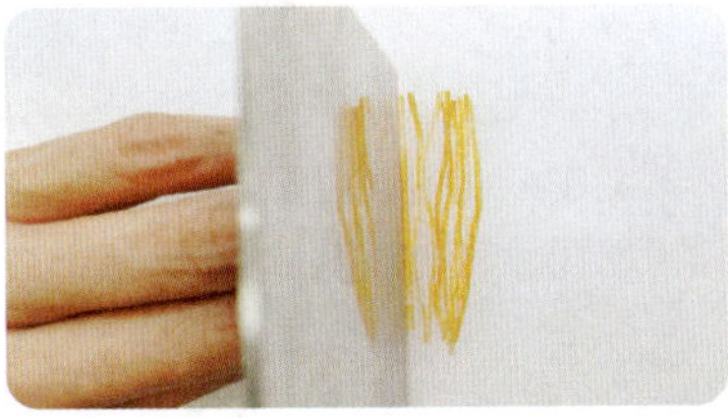

将原料直刀切成0.1cm粗的细丝，将切好的细丝放冷水中浸泡。细丝成品效果如图所示。

丝：
里脊肉

丝：
胡萝卜

任务六

丁

任务导读

宫保鸡丁是川菜的传统经典名菜，宫保鸡丁起源于清朝，由四川总督丁宝桢创作，据说他在山东任职时，非常喜欢一道酱爆鸡丁的菜肴，调任四川后，常以花生米和鸡肉制作菜肴款待宾客。后来，因其御敌有功，被封为太子太保，人称丁宫保，其制作的炒鸡丁，被称为宫保鸡丁。

宫保鸡丁肉质细嫩、花生酥脆、酸甜适口、辣而不燥。在原料的处理上，将鸡肉用刀拍松，切成大小均匀的丁，这样烹制才会入味均匀。

相关知识

一、定义

丁，指运用片、切等刀法，从条状或丝状原料加工成的立方体料形。

二、适用原料

一般用于加工韧性原料、脆性原料、软性原料。常见菜品有宫保鸡丁、辣子鸡丁等。

三、操作方法

将原料切成0.7～2cm厚的片，再切成相应规格的丁。一般大丁2cm见方，中丁1.3cm见方，小丁0.7cm见方。

四、工艺要点

丁的大小视成菜的要求和原料的情况而定。通常植物性原料要加工成正方体，俗称骰子丁。通常动物性原料要加工成半个正方形的形状，俗称片子丁。刀距一致，整齐划一。

学思悟践

1. 学习：整理所学知识，制作本部分知识思维导图。
2. 思考：切丁操作过程中有哪些注意事项？
3. 感悟：读一读下面的文字，谈一谈感悟。

甘友切丁时，总是大小不均匀。李老师对他说："切丁如绣花，要一丝不苟。"切丁的关键在于稳定性和节奏感。稳定性指的是手中的刀要稳，不能抖动，这样才能保证切出的丁大小均匀；节奏感则是说切割要有一定的节奏，不能忽快忽慢，这样能保证效率，同时也能避免切伤手指。切丁时不能急于求成，否则切出的丁大小不一，甚至有时还会切到手指。甘友听了老师的话，放慢速度，细心观察每一刀的落点和力度，刀工逐渐有了明显的提升。

4. 实践：结合所学知识与技能进行切丁技能训练，填写《实训报告书》（附录1）。

任务准备

仪容仪表：依据实训要求着工作服，做好个人清洁、消毒、安全防护。
实训工具：准备实训必备工具及砧板1个、毛巾1条、菜刀1把、削皮刀1把、瓷盘2个。
实训原料：里脊肉、胡萝卜。

任务实施

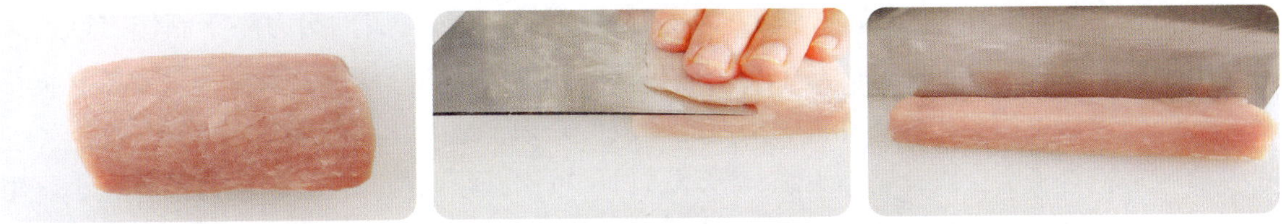

用平刀法将里脊肉修整成长方体。再用直刀法将原料切成长条。

切时要确保里脊条宽度一致。最后，将原料切成边长2cm的大丁，里脊肉大丁成品效果如图所示。

将胡萝卜削皮初加工。再将胡萝卜直刀切开，用直尺量出1cm宽的距离。接着，用直刀法将胡萝卜切成1cm宽的长方体。

再用直刀法将胡萝卜切成1cm宽窄的条。最后，用直刀法将胡萝卜切成1cm大小的小丁。胡萝卜小丁成品效果如图所示。

丁：里脊肉

丁：胡萝卜

任务七
粒

任务导读

清炖蟹粉狮子头是久负盛名的江苏扬州传统名菜，相传，隋炀帝杨广对扬州的景色十分留恋，回去后，命御厨制作以扬州景色为主题的菜肴。经过御厨的努力终于制作出四道菜肴，隋炀帝品尝后，赞不绝口。其中有一道叫作葵花献肉，唐代郇国公设宴，其中就有葵花献肉，因其形似雄狮头，故又称狮子头。此菜流传开来，成为江苏名菜。

清炖蟹粉狮子头，成菜肥而不腻，醇厚适口。选肉必须肥瘦相间，斩成石榴粒大小。用酒、葱姜汁、蟹粉、淀粉、盐制作而成。

相关知识

一、定义

粒，指运用切、片等刀法，从丝状原料加工成的立方体料形。

二、适用原料

一般用于加工脆性原料、韧性原料、软性原料、硬实性原料，常用于配料或调料类。常见菜品有清蒸蟹粉狮子头、肉粒烧海参等。

三、操作方法

将原料修整成形，质地脆嫩、硬实性原料可采用切的刀法，质地老韧、软性原料可采用剁的刀法。

四、切配方法与工艺要点

粒根据大小，一般分为豌豆粒、绿豆粒、米粒等。粒的成形规格，豌豆粒0.6cm见方，绿豆粒0.4cm见方。不能有连刀现象。

学思悟践

1. 学习：整理所学知识，制作本部分知识思维导图。
2. 思考：切粒操作过程中有哪些注意事项？
3. 感悟：读一读下面的文字，谈一谈感悟。

在中华烹饪中，对于食材的处理与造型有着极为丰富和细致的讲究。而“粒”的制作，就是这门艺术中的一门重要学问。“粒”的制作并非随意切割，而是要基于对食材质地的了解和把控。比如，处理软质蔬菜如番茄时，由于其水分含量较高，切割时应采用轻柔且快速的刀法，以减少汁液流失；而在处理较为紧实的胡萝卜时，则需要更加有力的刀工来确保每一个“粒”都能保持均匀的大小和形态。

4. 实践：结合所学知识与技能进行切粒技能训练，填写《实训报告书》(附录1)。

任务准备

仪容仪表：依据实训要求着工作服，做好个人清洁、消毒、安全防护。
实训工具：准备实训必备工具及砧板1个、毛巾1条、菜刀1把、削皮刀1把、瓷盘2个。
实训原料：火腿、西葫芦。

任务实施

将火腿一端切掉，用直尺量出0.5cm宽。用直刀法切成厚度为0.5cm的片，将片均匀排列。

再将片用直刀法切成宽0.5cm的条。最后，用直刀法切成外径0.5cm大小的粒。成品效果如图所示。

用直刀法将西葫芦初步修形，再将西葫芦改刀成长方体，用直刀法将西葫芦切成片，将西葫芦片均匀排列。

接着，用直刀法将西葫芦片改刀成丝。最后，用直刀法将丝改刀成米粒。“米粒”成品效果如图所示。

粒：火腿

粒：西葫芦

任务八

米

任务导读

松仁鱼米是上海扬州饭店著名厨师莫有庚三兄弟精心创制的莫家菜，以其选料讲究、刀工精细、原汁原味、注重火候、甜咸适口、南北皆宜著称。该菜借鉴了四川名菜小煎鸡米的做法，结合上海地区饮食习惯和现代烹饪技术制作而成，鱼米鲜嫩，松仁酥脆，鲜嫩爽滑，深受上海人喜爱，成为该店的招牌菜之一。此菜在国内外比赛和表演展示中赢得同行和美食家的赞誉。

松仁鱼米在原料的处理上，选用活鱼现宰现杀，切成绿豆大小的粒，要求颗粒大小均匀，这样烹制成菜，才会入味均匀。

相关知识

一、定义

米，指运用拍、片、切、剁等刀法，从条状或丝状原料加工成立方体料形。

二、适用原料

一般用于加工脆性原料、柔软原料、硬实性原料，常见菜品有松仁鱼米、小煎鸡米等。

三、操作方法

将原料切成厚度为0.3cm的片，再切成宽度为0.3cm的条，最后切成0.3cm见方的米。

四、切配方法与工艺要点

米的成形规格约0.3cm见方。米常用于馅心、点缀。切成米时，原料要具有颗粒感。

学思悟践

1．学习：整理所学知识，制作本部分知识思维导图。

2．思考：切米操作过程中有哪些注意事项？

3．感悟：读一读下面的文字，谈一谈感悟。

“三分灶，七分案”，一道美食的关键制作步骤之一就是刀工环节，切的薄厚不一样就会影响菜肴的成熟度，切的大小不一致就会影响菜肴的美观。餐厅的成本、菜量的大小、味道的把控都会受到刀工的影响。中国烹饪大师，往往对烹饪有自己的独特见解，练习厨艺和习武之人有异曲同工之处，练习武术讲究站桩练内功，需要十年、二十年去练习。刀工看似基本功，却是真功夫，是实打实的手上功夫，刀工的练习需要日复一日、长期坚持才能有所成就。

4．实践：结合所学知识与技能进行切米技能训练，填写《实训报告书》（附录1）。

任务准备

仪容仪表：依据实训要求着工作服，做好个人清洁、消毒、安全防护。
实训工具：准备实训必备工具及砧板1个、毛巾1条、菜刀1把、削皮刀1把、瓷盘2个。
实训原料：大葱、姜。

任务实施

用平刀片将葱段片开一半，取出葱白。用直刀法将葱白切丝。

葱丝如图所示。用直刀法将葱丝均匀地切成葱米，操作时不可急于求成。葱米成品效果如图所示。

把姜削皮，修整成便于加工的长方体。然后，用直刀法切片。

接着，把姜片均匀排列，用直刀法将姜片切成粗细均匀的丝。最后，用直刀法把姜丝切成姜米。姜米成品效果如图所示。

米：葱

米：姜

任务九

末

任务导读

川渝地区有一道传统名菜“蚂蚁上树”，又名肉末粉条，粉条上点缀着肉末，形似蚂蚁在树枝上攀爬。制作这道菜，肉末的切法是关键。

相关知识

一、定义

末，是指运用拍、片、切、剁等刀法，从条状或丝状原料加工成的立方体料形。末比丁、粒还要小一些。

二、适用原料

一般用于加工韧性原料、脆性原料，常用于馅心、调料类等。常见菜品有焦熘丸子等。

三、操作方法

作为馅心类原料使用，一般将原料直接剁碎成末。

作为调料使用，一般将原料切成薄片，再切成丝，最后切成末。

四、切配方法与工艺要点

末一般分为粗末、细末，具有独立形态。末的规格可根据原料灵活运用。末的大小近似小米粒，约0.1cm见方。

学思悟践

1．学习：整理所学知识，制作本部分知识思维导图。

2．思考：切末操作过程中有哪些注意事项？

3．感悟：读一读下面的文字，谈一谈感悟。

有一位老厨师，他的肉末茄子在当地小有名气。他的秘诀在于精湛的刀工和对火候的精准控制。他常说：“刀工如同音乐的节拍，每一个细节都不可忽视。”一天，一位年轻的学徒想要向他学习制作肉末茄子。老厨师便让他先练习切茄子和剁肉。开始时，年轻学徒急于求成，忽略了刀工的重要性，做出的肉末茄子总是不尽人意。经老厨师一番细心指导和反复练习后，他终于掌握了精确的刀工技巧。从此，他制作出的肉末茄子色泽诱人，肉末鲜嫩，深受人们喜爱。

4．实践：结合所学知识与技能进行切末技能训练，填写《实训报告书》（附录1）。

任务准备

仪容仪表：依据实训要求着工作服，做好个人清洁、消毒、安全防护。
实训工具：准备实训必备工具及砧板1个、毛巾1条、菜刀1把、瓷盘2个。
实训原料：里脊肉、蒜。

任务实施

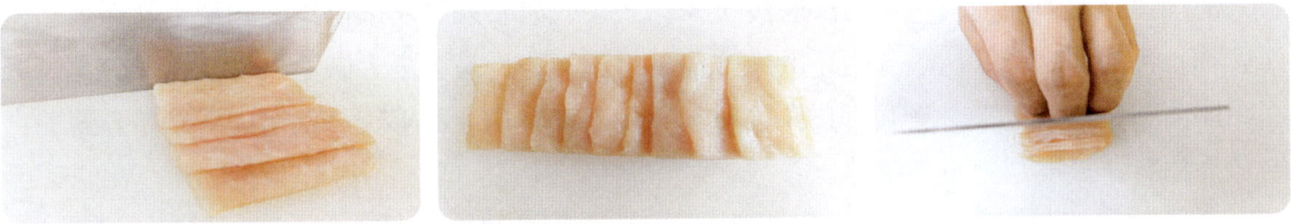

首先，将里脊肉直刀切成均匀的片，将肉片均匀排列。然后，使用直刀法切丝，要注意用中指的第一关节顶刀。

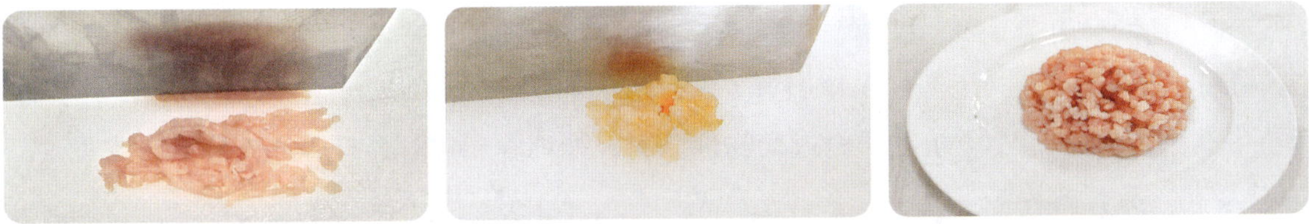

最后，用直刀法将肉丝切成肉末，操作时不可以用力剁，以防原料飞溅。肉末成品效果如图所示。

首先，将蒜头蒜尾修掉，用直刀法将蒜切片，注意要用中指的第一关节顶刀。

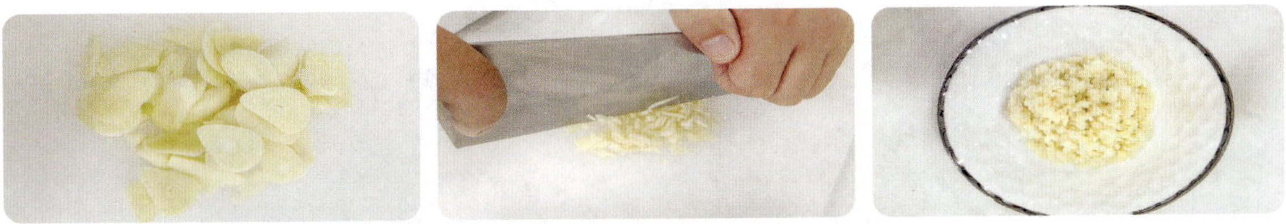

然后，用直刀法将蒜片切丝。最后，蒜丝运用铡刀切的方法改刀成蒜末，操作时动作要轻。蒜末成品效果如图所示。

末：里脊肉

末：蒜

任务十

蓉

任务导读

清汤鱼圆是浙江绍兴一带的汉族传统风味名菜，属绍兴菜。以汤清、味鲜、滑嫩、洁白而著称，鱼圆似白玉，色泽分明，滑嫩鲜美。每逢年节，是餐桌上必不可少的菜肴，寓意家庭团团圆圆，幸福美满。烹调时，在原料选择和刀工技巧上要求较高，用肉质细嫩新鲜的白鲢鱼为原料，去皮刮肉斩排成蓉。

相关知识

一、定义

蓉，是指采用刮、剁、排剁、背捶等的刀法，将原料加工成细小的肌肉纤维的组合。

二、适用原料

一般用于加工根茎类植物原料或动物性原料，如鸡蓉、鱼蓉、虾蓉、肉蓉等，常见菜品有鸡豆花、芙蓉鸡片等。

三、操作方法

将原料切成小丁或米粒，采用不同刀法加工成蓉状。对于质感要求细蓉状的菜肴，原料要用细筛过滤而成，粗蓉则不需要。

四、工艺要点

蓉一般分为粗蓉、细蓉，无固定形态。制蓉前，要挑出筋络，保证细腻、无杂质。制蓉过程中，要注意清洁卫生，保证蓉状原料的质量。

学思悟践

1. 学习：整理所学知识，制作本部分知识思维导图。
2. 思考：制蓉操作过程中有哪些注意事项？
3. 感悟：读一读下面的文字，谈一谈感悟。

不同原料制成的蓉在口感和用途上有着显著的差异。例如，土豆蓉因其淀粉含量高而呈现绵软的质感，适合作为浓汤或是肉饼的填充物；而豆腐蓉则更为轻盈细腻，常用来制作豆腐脑和嫩滑的羹类菜肴；鱼蓉则是制作鱼丸等海鲜料理不可或缺的基础。扬州炒饭中的鲜虾蓉，是通过将鲜虾去壳取肉后剁至极细而成。清炖狮子头中的肉蓉，是将猪肉剁碎后反复搅打至黏稠。西施舌中的鸡蓉，取鸡胸肉剁成细蓉。在中餐厨艺中制作和使用蓉，不仅考验厨师的基本功，也是提升整个菜肴档次的重要细节。

4. 实践：结合所学知识与技能进行制蓉技能训练，填写《实训报告书》(附录1)。

任务准备

仪容仪表：依据实训要求着工作服，做好个人清洁、消毒、安全防护。
实训工具：准备实训必备工具及砧板1个、毛巾1条、菜刀1把、瓷盘2个。
实训原料：鸡肉、大虾。

任务实施

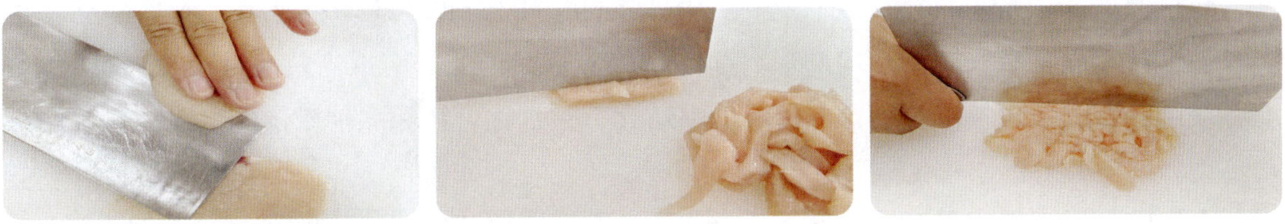

首先，将鸡肉上的筋膜处理干净，用平刀法将鸡肉片成薄片，注意平刀片要用左手用力按住原料。然后，用直刀法将鸡片改刀成条。

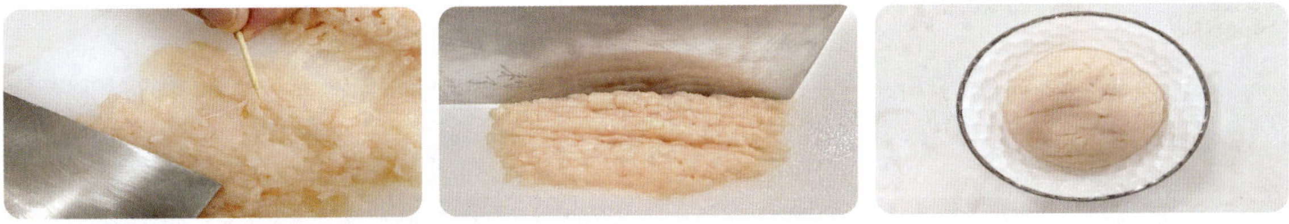

最后，用刀背把鸡肉捶成鸡蓉。如有剩余筋膜，可用牙签将其挑出，成品要求均匀细腻。鸡蓉成品效果如图所示。

首先，将虾初步加工剥成虾仁，将虾背片开取出虾线。然后，将虾仁改刀切碎。

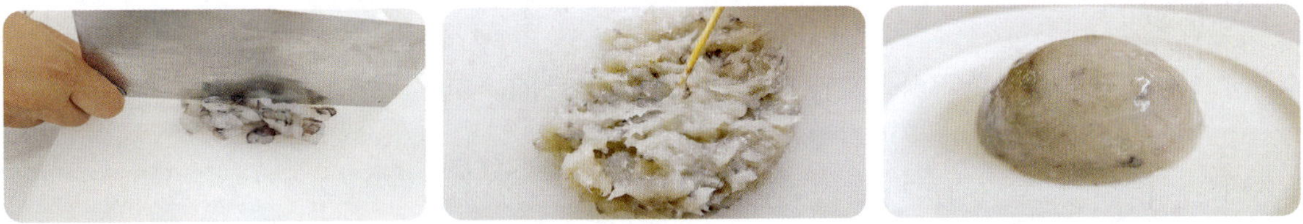

最后，将切好的虾仁堆到一起，用刀背捶打虾仁，用牙签将筋膜剔除，操作时动作要轻，避免虾仁迸溅。虾蓉成品效果如图所示。

蓉：鸡肉

蓉：大虾

任务十一

球

任务导读

南瓜原产于中美洲一带，明代传入中国，现在中国南北各地均有种植。南瓜的品种很多，从形状上看，有长圆形、扁圆形、葫芦形等。俗话说“老南瓜当粮，嫩南瓜当菜”。南瓜不仅可以做成各式各样的菜肴，因南瓜中还含有碳水化合物和多种微量元素，还可以当主食食用。

南瓜球是运用削的方法将南瓜加工成球形，也可以用球勺挖成球形。

相关知识

一、定义

球，是指对原料先用切的方法将南瓜加工成方丁或方块，再用削的方法加工成球形，也可以用球勺挖成球形。

二、适用原料

一般用于加工南瓜、西瓜、冬瓜等，常见的菜品有：拔丝南瓜球。

三、操作方法

首先，将原料切成方丁或方块。然后左手拿料，右手持刀，对原料进行削圆处理。也可以使用挖球器挖制。

四、工艺要点

削球过程中，要注意清洁卫生，更要注意用刀安全。使用挖球器挖球时，要从原料一侧挖取，尽量让原料挖出更多球。

学思悟践

1. 学习：整理所学知识，制作本部分知识思维导图。
2. 思考：制球操作过程中有哪些注意事项？
3. 感悟：读一读下面的文字，谈一谈感悟。

球状切割技巧，简单来说，就是将食材处理成球状，这看似简单的动作，其实背后藏着大学问。首先，选择适合做球形切割的食材至关重要。例如，土豆、胡萝卜等硬质蔬菜是制作球状的理想选择，这些食材不仅质地适宜，更因其均匀的硬度和结实的纹理，能够保证在切割成球状后，仍保持形状完整不易碎裂。当然，不同的食材需要微调处理方法。比如在处理含水量较高的蔬菜和水果时，可以先用盐轻腌一会儿，这样不仅可以去除多余的水分，防止球状食材在烹饪过程中变得松软，还能增添风味。

4. 实践：结合所学知识与技能进行制球技能训练，填写《实训报告书》(附录1)。

任务准备

仪容仪表：依据实训要求着工作服，做好个人清洁、消毒、安全防护。
实训工具：准备实训必备工具及砧板1个、毛巾1条、菜刀1把、挖球器1个，瓷盘2个。
实训原料：萝卜、土豆。

任务实施

将萝卜对半切开，左手握紧，右手持挖球器放在萝卜切面中间，用力转动挖球器使之进入，旋转一周，操作姿势如图所示。

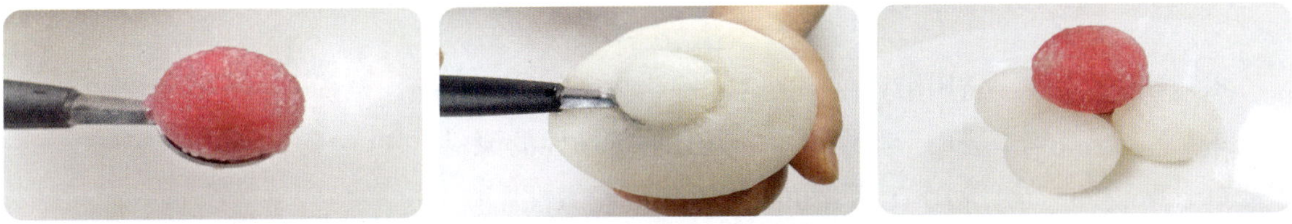

挖出的萝卜球成圆形，无扁圆或缺面等情况。用同样的方法切出白萝卜球，成品效果如图所示。

将土豆去皮，直刀切成近似正方体，然后左手拿起，右手握紧雕刻刀，从一角底部切入并轻轻向上用力，逐步削掉四角。

当近似圆球状时，左手拇指轻轻推动，其余四指配合，逐步削成圆球体，操作过程中注意安全，成品效果如图所示。

球：萝卜

球：土豆

项目总结

本项目学习了块、段、片、条、丝、丁、粒、米、末、蓉、球的相关知识和技法。

项目考核

一、职业能力应知题

1. 块，指运用切、砍、剁等刀法加工成的________料形。
2. 块常分为大方块、小方块、骨牌块、________、瓦块、劈柴块、菱形块等。
3. 段，指运用切、砍、剁等刀法，将原料横截成自然小截或________。
4. 段，根据保持原料本身的________，分为粗段、细段。
5. 片，指运用切或片等刀法，将原料加工成________平面结构的料形。
6. 条按________一般可分为粗条、细条、筷梗条、小指条、一字条。
7. 一般要求“横切牛、斜切猪、________切鸡”。
8. ________丝，适用于收缩率大、易碎、易断的原料。
9. ________丝，适用于收缩率小，具有一定韧性的原料。
10. ________丝，适用于富含植物纤维素的脆嫩性原料。
11. ________丝适用于富含植物纤维素的脆嫩性原料。
12. 制蓉常采用刮、剁、排剁、________等的刀法。
13. 蓉一般分为粗蓉、________，无固定形态。
14. 对于质感要求________状的菜肴，原料要用细筛过滤而成。
15. 蚂蚁上树是________传统名菜。
16. 俗话说“老南瓜当粮，嫩南瓜当________”。

二、职业能力应会题

1. 运用刀工技法将适用食材加工成各种块形。
2. 运用刀工技法将适用食材加工成各种段形。
3. 运用刀工技法将适用食材加工成各种片形。
4. 运用刀工技法将适用食材加工成各种条形。
5. 运用刀工技法将适用食材加工成各种丝形。
6. 运用刀工技法将适用食材加工成各种丁形。
7. 运用刀工技法将适用食材加工成各种粒形。
8. 运用刀工技法将适用食材加工成各种米形。
9. 运用刀工技法将适用食材加工成各种末形。
10. 运用刀工技法将适用食材加工成各种蓉形。
11. 运用刀工技法将适用食材加工成各种球形。

三、职业能力应用题

1. 能根据食材特点选择合适的料形。
2. 能独立对食材进行各种料形的加工。

项目七 花刀工艺

项目导读

花刀工艺指运用混合刀法，在原料表面剞上横竖交错、深而不透的条纹，经加热形成各种形态美观、造型别致的原料形状。

采用花刀工艺的优点：原料受热面积增大，缩短了正式烹调的时间，缩短了临灶时间。增强了热的穿透力，使热穿透均衡，利于原料均匀受热，各部位成熟时间近于一致。原料与调味品的接触面积增大，利于完成调味汁对原料的包裹和渗透，实现入味均衡。当某一部位受热面积增大以后，其热胀冷缩的程度也得到增强，而没有剞刀的一面受热的面积没有发生改变，这时就会出现有剞刀刀纹的一面向没有剞刀刀纹的一面卷曲，达到美化菜肴造型的目的。

学习目标

1. 掌握花刀工艺的相关知识。
2. 能熟练运用所学花刀工艺的知识与技能切配不同的食材。
3. 培养从事烹饪职业所需要的社会行为能力，具备适应社会、融入社会的能力。

实训任务

斜一字花刀、柳叶形花刀、月牙形花刀、十字形花刀、牡丹形花刀、松鼠鱼花刀、菊花形花刀、麦穗形花刀、荔枝形花刀、蓑衣形花刀、灯笼形花刀、雀翅形花刀、锯齿形花刀、凤尾形花刀、鱼鳃形花刀、麻花形花刀、如意形花刀、剪刀形花刀、渔网形花刀。

任务一

斜一字花刀

任务导读

据史书记载，烹食武昌鱼在三国时代就很盛行。孙权巡游湖北时，在一个名叫武昌山的地方，发现一种美味的鳊鱼，取名为武昌鱼，并用来赏赐功臣。

清蒸武昌鱼，是湖北省的一道传统名菜，鱼上笼清蒸之后，淋蒸鱼豉油，撒葱白丝，红辣椒丝，浇上热油即可。在鱼肉处理上，根据鱼的大小，将鱼体两面均匀剞上一字排列刀纹，鱼背部刀纹深一些，鱼腹部刀纹适当浅一些。

相关知识

一、定义

斜一字花刀，指在整鱼两面，运用斜刀或直刀推剞、直刀拉剞加工成相互平行的一字刀纹的花刀工艺。

二、适用原料

一般用于加工体形大而修长的鱼类，如鲈鱼、鲤鱼、鳜鱼、鲫鱼。常见菜肴有红烧鲫鱼、清蒸鲈鱼等。

三、操作方法

选择大小合适的新鲜鱼，将鱼刮鳞、去内脏，清洗干净。左手扶料防止滑动。右手持刀，先在鱼身两面直刀剞上斜一字形花刀，刀纹不能与鱼骨平行，应稍有些夹角。

四、工艺要点

根据原料形态大小选择合适刀纹。主要在鱼的背部肉厚处剞刀，腹部刀纹要浅一些，不能切破鱼骨。刀距大小一致、交而不连、深浅一致、纹理均匀。

学思悟践

1. 学习：整理所学知识，制作本部分知识思维导图。
2. 思考：斜一字花刀操作过程中有哪些注意事项？
3. 感悟：读一读下面的文字，谈一谈感悟。

李老师选择一条新鲜的草鱼作为实操对象，准备示范斜一字花刀。他握紧菜刀，将刀刃以45°角倾斜于鱼的表面，均匀地推刀进入，然后轻轻拉出。他说：每一次推拉都需要精确控制刀深，既要达到美观的效果，又不能切断鱼皮，以免影响成品的造型。刀间隔要保持一致，使得整个鱼面布满整齐划一的斜一字切口。这些切口不仅仅增加了鱼肉的视觉效果，还能在烹饪过程中使调味料更容易渗透到鱼肉深处，让菜肴的味道更加丰富和均衡。

4. 实践：结合所学知识与技能进行斜一字花刀技能训练，填写《实训报告书》(附录1)。

任务准备

仪容仪表：依据实训要求着工作服，做好个人清洁、消毒、安全防护。
实训工具：准备实训必备工具及砧板1个、毛巾1条、菜刀1把、瓷盘2个。
实训原料：黄鱼。

任务实施

首先，将鱼刮鳞、去内脏，清洗干净，放平。刀与鱼身呈60°夹角，运用直刀剞的方法，紧贴胸鳍右侧直剞一刀。

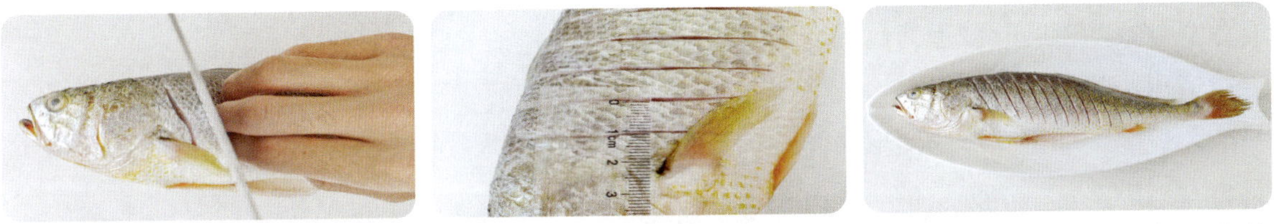

经测量，刀距为1cm，即一指宽度，深及鱼骨，深浅一致。最后，依次剞完鱼身。成品效果如图所示。

首先，将鱼刮鳞、去内脏，清洗干净，放平。刀与鱼身呈60°夹角，运用直刀剞的方法，紧贴胸鳍左侧直剞一刀。

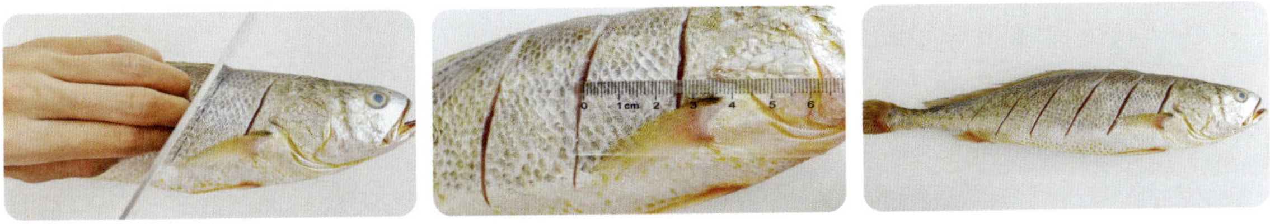

经测量，刀距为2cm，即两指宽度。再次下刀，深及鱼骨，纹理均匀。最后，依次剞完鱼身。成品效果如图所示。

斜一字花刀：黄鱼一

斜一字花刀：黄鱼二

任务二 柳叶形花刀

任务导读

鲫鱼豆腐汤是一道传统菜肴，成菜特点鱼肉鲜嫩、豆腐爽滑、汤鲜味美、营养丰富。在原料的处理上，将鲫鱼两侧均匀剞上形似柳叶纹路的刀纹，更利于鱼肉中的营养物质溶解于汤汁当中，增加汤汁的鲜美。

相关知识

一、定义

柳叶形花刀，指在整鱼身体两面，运用直刀推剞、直刀拉剞或斜刀推剞、斜刀拉剞加工成宽窄一致的柳叶叶脉形刀纹的花刀工艺。

二、适用原料

一般用于加工身体侧扁形鱼类或肉质较厚的菱形鱼类，如武昌鱼、鲈鱼、鳜鱼等。常见菜肴有红烧整鱼、清蒸整鱼、氽鲫鱼等。

三、操作方法

选择合适大小新鲜的鱼，将鱼刮鳞、去内脏，清洗干净。左手扶料防止滑动。右手持刀，先在鱼身中央从头至尾划一道直纹，并以此刀纹为起点，分别向腹部和背部斜后方向等距离剞上刀纹，形成柳叶叶脉纹路。

四、工艺要点

根据原料形态选择合适的刀纹。主要在鱼的背部肉厚处剞刀，腹部刀纹要浅一些，不能切破鱼骨。两侧刀纹宽窄一致、交而不连、深浅一致、纹理均匀。

学思悟践

1. 学习：整理所学知识，制作本部分知识思维导图。
2. 思考：柳叶形花刀操作过程中有哪些注意事项？
3. 感悟：读一读下面的文字，谈一谈感悟。

柳叶形花刀训练常见问题：一是切口不匀称，要求切割必须深浅一致，对于刀法的控制需要精确。如果手法不稳定或者力度不均匀，很容易造成切口大小不一。二是破坏食材结构，过度的切割或是切割时力度过大，可能会导致食材本身的结构被破坏，从而影响烹饪后的食物质感。例如，在处理鱼肉时，切口过深会使鱼肉在烹饪过程中变得支离破碎。三是选择不合适的工具，不是所有的刀具都适合做柳叶形花刀。使用钝刀或刀身不够细长的刀具会大大增加操作难度。

4. 实践：结合所学知识与技能进行柳叶形花刀技能训练，填写《实训报告书》(附录1)。

任务准备

仪容仪表：依据实训要求着工作服，做好个人清洁、消毒、安全防护。
实训工具：准备实训必备工具及砧板1个、毛巾1条、菜刀1把、瓷盘1个。
实训原料：鲳鱼。

任务实施

首先，将鱼宰杀洗净，鱼身放平。然后，用直刀剞的方法将鲳鱼沿中间深剞一刀及骨，将鲳鱼一面均匀地一分为二。

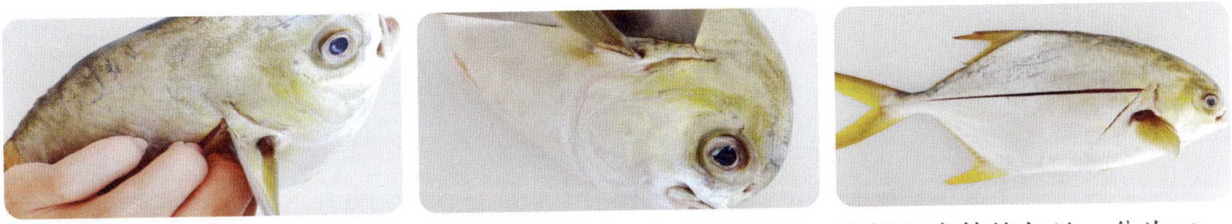

接着，将鱼翻过来，用同样的方法深剞一刀，深度及骨，将鲳鱼身体均匀地一分为二。

再以中线为基准，刀与中线呈45°夹角运用直刀剞在鱼身上剞出刀距为2cm的一字纹，深度及骨。

最后，运用同样的方法在另一半相对位置剞出相同的刀纹即成柳叶形花刀。柳叶形花刀成品效果如图所示。

柳叶形花刀：
鲳鱼

任务三

月牙形花刀

任务导读

人们对鱼肉的喜爱，不仅体现在文化上，也体现在年夜饭的餐桌上。鱼类菜肴（谐音年年有余）成了家家户户餐桌上必不可少的一道美食，也表达了人们对新一年的美好祝福。鱼类菜肴很多，清蒸鱼深受多数人的喜爱。

清蒸鱼最大的特点在于鱼肉的鲜美。在原料的处理上，需选用活鱼现宰现杀，在鱼身剞上月牙形的刀纹，使其充分发挥本身的鲜味，去除腥味，达到鲜而不腥。

相关知识

一、定义

月牙形花刀，是运用斜刀推剞、斜刀拉剞加工成月牙刀纹的花刀工艺。

二、适用原料

一般用于加工菱形鱼类，如黄花鱼、鲈鱼、鳜鱼等。常见菜肴有清蒸鱼、油浸鱼等。

三、操作方法

选择合适大小的新鲜鱼，将鱼刮鳞、去内脏，清洗干净。左手扶料防止滑动，右手持刀，根据原料形态的大小，选择合适的刀纹大小。先在鱼身两面直刀剞上月牙形花刀，刀纹不能与鱼骨平行，应稍有些夹角。

四、工艺要点

主要在鱼的背部肉厚处剞刀，腹部刀纹要浅一些，不能切破鱼骨。加工后要求刀距大小一致、交而不连、深浅一致、纹理均匀。通常会将火腿片、冬笋片及香菇片叠放整齐，再夹在鱼片中。

学思悟践

1. 学习：整理所学知识，制作本部分知识思维导图。

2. 思考：月牙形花刀操作过程中有哪些注意事项？

3. 感悟：读一读下面的文字，谈一谈感悟。

如何避免切出的月牙形片过厚或过薄？

如果刀片与食材的角度过大，推刀的速度过快，就容易导致切出的片过厚；反之，如果刀片与食材的角度过小，推刀的速度过慢，就可能导致切出的片过薄。过厚或过薄的月牙形片，不仅影响菜品的口感，也会破坏其整体的美观度。一定要熟练掌握刀法，确保切得均匀一致。

4. 实践：结合所学知识与技能进行月牙形花刀技能训练，填写《实训报告书》(附录1)。

任务准备

仪容仪表：依据实训要求着工作服，做好个人清洁、消毒、安全防护。
实训工具：准备实训必备工具及砧板1个、毛巾1条、菜刀1把、瓷盘1个。
实训原料：鲳鱼。

任务实施

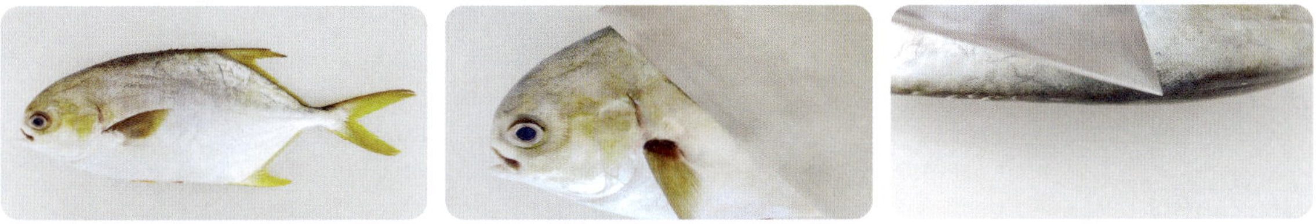

首先，将鱼宰杀洗净。然后，放平鲳鱼，运用斜刀剞的方法，在鱼胸鳍后下刀。

接着，刀与鱼身呈45°夹角，从鱼背部往下拉刀，直至鱼腹，深及鱼骨，整体刀口呈月牙形弧度。

用直尺测量，间距为2cm，再次下刀，要求深度一致、间距一致，鱼尾部深度和间距灵活调整。

最后，将鱼翻面，用同样的方法剞完鱼的另一面，保证刀口整齐。操作时注意安全，成品效果如图所示。

月牙形花刀：鲳鱼

任务四 十字形花刀

任务导读

“荷包鲫鱼”又名荷包鱼，是江苏省传统名菜。因其形状似荷包而得名。成菜形态美观，滋味鲜美。在原料的处理上，将鱼初步加工后，为便于入味，可剞十字花刀，鱼腹塞入肉末进行烧制。

相关知识

一、定义

十字形花刀，又称多十字形花刀、网格花刀，指在整鱼身体两面剞上形似渔网网格的多十字刀纹的花刀工艺。

二、适用原料

一般用于加工侧扁形鱼类或肉质较厚的菱形鱼类，如武昌鱼、鲈鱼、鳜鱼、鲤鱼、鲫鱼、鳊鱼等。如制作清蒸武昌鱼、蒜烧鱼、红烧鱼、酱汁鱼等。

三、操作方法

选择合适大小的新鲜鱼，将鱼刮鳞、去内脏，清洗干净。左手扶料防止滑动，右手持刀，先在表面用推刀剞的方法剞一刀，然后在刀纹上再拉剞一刀，使其呈十字交叉状。如此重复，直至剞完。

四、工艺要点

主要在鱼的背部肉厚处剞刀，腹部刀纹要浅一些，不能切破鱼骨。体形大而长的鱼应剞多一些花纹，刀纹密集一些且呈双平行状态分布。体形小的鱼可少剞一些十字形花纹，刀距可适当大一些。

学思悟践

1．学习：整理所学知识，制作本部分知识思维导图。

2．思考：十字形花刀操作过程中有哪些注意事项？

3．感悟：读一读下面的文字，谈一谈感悟。

相传，唐玄宗有一位来自福建的妃子，到京城后思念家乡。妃子的家乡盛产荔枝，厨师为解其思乡之情，经过一番精心的研究，研制出一道不仅外形看起来像荔枝，吃起来也有荔枝酸甜口感的肉菜，妃子吃后非常喜爱。于是这道荔枝肉菜肴便流传开来。

荔枝肉因原料中有白色的荸荠和切成十字花刀的猪肉，烹调后形似荔枝而得名。荔枝肉独具闽菜特点，成菜色泽红亮，质地脆嫩，酸甜可口，是福建传统名菜。

4．实践：结合所学知识与技能进行十字形花刀技能训练，填写《实训报告书》（附录1）。

任务准备

仪容仪表：依据实训要求着工作服，做好个人清洁、消毒、安全防护。
实训工具：准备实训必备工具及砧板1个、毛巾1条、菜刀1把、瓷盘1个。
实训原料：鲤鱼。

任务实施

首先，将鱼刮鳞去内脏，清洗干净。然后，右手持刀，刀放于鱼鳃稍下部位，与鱼背呈30°夹角，运用直刀剞准备下刀。

先在表面用推刀剞的方法剞一刀，剞至原料1/3厚度，按照相同方法平行继续直刀剞，保持两刀间的刀距相等。

刀距2cm左右，继续剞完原料。第一种方式剞完的原料，呈平行线状。接着，左手扶料，右手持刀，准备第二种方式下刀。

下刀角度与原有刀口垂直，从头部到尾部进行。最后，将鱼翻过来，直至原料直剞完毕。剞完十字花刀成品效果如图所示。

十字形花刀：
鲤鱼

任务五

牡丹形花刀

任务导读

相传，鲤鱼越过“龙门”，便可腾云变成龙。济南的“糖醋黄河鲤鱼”造型特异，鱼尾高翘，似跳跃之状，被称为“鲤鱼跃龙门”，寓仕人升迁做官之意，故成为宴席上品。

“糖醋黄河鲤鱼”采用黄河深处的红尾鲤鱼，头尾金黄，肉质肥厚。顾客食用时，现宰现杀，剞上牡丹花刀进行烹制，外脆里嫩、甜酸适口、味形俱佳。

相关知识

一、定义

牡丹形花刀，指在鱼身两面，运用平刀片、直刀切、斜刀推剞等方法，将鱼片加工成数片形似牡丹花瓣的刀工技法。

二、适用原料

一般用于焦熘、软熘等烹调方法制作的鱼类，如青鱼、鲤鱼、鲈鱼等。常见菜肴有糖醋黄河鲤鱼、糖醋脆皮鱼、西湖醋鱼等。

三、操作方法

一般选用净重1500g左右的鱼操作。左手扶料防止滑动，右手持刀，在鱼身两面每隔3cm直刀剞上一刀，剞到鱼尾时将刀端平，再平刀片入2～2.5cm的深度，留0.8～1cm的肉与脊骨相连，然后将肉片翻起，再在肉片上剞刀。

四、工艺要点

刀纹间距不要太大，也不能太密，一般为3～5cm为宜。每次剞刀次数要相等，注意两面对称。为了达到更好的效果，刀刃运行时可带一定弧度。

学思悟践

1．学习：整理所学知识，制作本部分知识思维导图。

2．思考：牡丹形花刀操作过程中有哪些注意事项？

3．感悟：读一读下面的文字，谈一谈感悟。

牡丹形花刀常见错误点：一是力度控制不当。操作时过于用力，导致刀片直接切断了肉纹，破坏了肉的纤维结构，影响最终的视觉效果。二是角度掌握不准。不能准确把握45°的切入角度，导致切出的花纹不均匀。三是对鱼的结构理解不足。鱼肉纤维走向和厚度在不同部位有所差异。不能根据鱼肉的实际情况来调整切割的深度和间距，会使得花纹在烹饪过程中展开不一，影响最终的美感。

4．实践：结合所学知识与技能进行牡丹形花刀技能训练，填写《实训报告书》（附录1）。

任务准备

仪容仪表：依据实训要求着工作服，做好个人清洁、消毒、安全防护。

实训工具：准备实训必备工具及砧板1个、毛巾1条、菜刀1把、瓷盘1个。

实训原料：鲤鱼。

任务实施

首先，将鲤鱼宰杀干净。然后，运用平压铡切的刀法将鱼尾修成燕尾形。接着，鱼头下部剞一刀，深度适中。

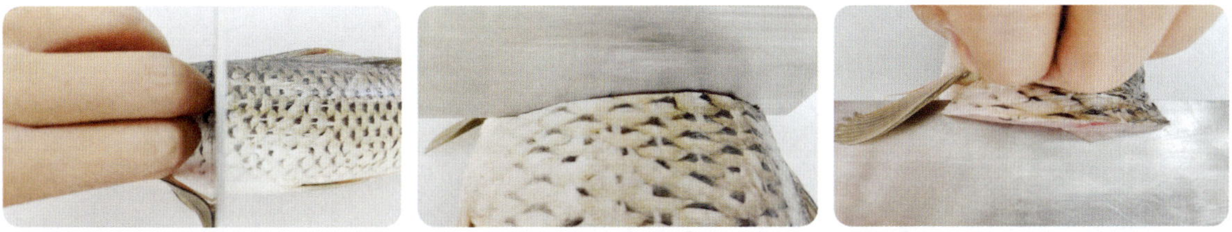

接着，在距离第一刀3cm处直剞一刀，剞至脊骨时，轻轻将刀端平，左手顺势将鱼肉扶稳。

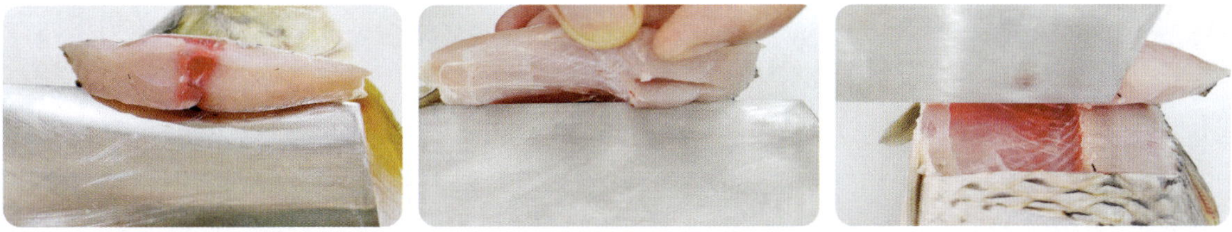

沿脊骨向前平推，约2.5cm后停刀，在翻卷的鱼肉内部直剞两刀，方便鱼肉加热时外翻。

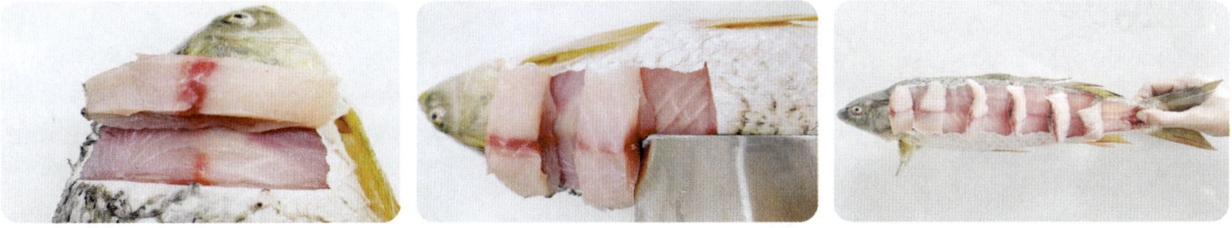

最后，两面剞成对称的刀纹，加热后鱼肉翻卷，形似牡丹花瓣，成品效果如图所示。

牡丹形花刀：鲤鱼

任务六

松鼠鱼花刀

任务导读

松鼠鳜鱼是江苏的传统名菜，因形似松鼠而得名，在江南各地一直将其列作宴席上的上品佳肴。鲜艳的色泽，浓郁的香味、外脆里嫩的质感，酸甜适口的味道，背后都是文化的传承和匠心的雕琢。在鳜鱼的处理上，将新鲜鳜鱼宰杀，开膛去内脏，沿脊骨片至尾巴，剔除骨头，在鱼肉表面直剞至鱼皮的刀纹，然后再斜剞至鱼皮刀纹，刀纹交叉呈菱形，加热后卷曲成松鼠形态。

相关知识

一、定义

松鼠鱼花刀，指在鱼身两侧，运用斜刀拉剞、直刀剞等方法剞上花刀，经排粉炸制，装盘后形似“松鼠”的刀工方法。

二、适用原料

一般用于加工草鱼、鲈鱼、黄花鱼、鲤鱼、鳜鱼等。常见菜肴有松鼠鳜鱼、松鼠鲈鱼等。

三、操作方法

左手扶料防止滑动，右手持刀，沿脊椎骨将鱼片开，尾部不断，去掉脊骨，两扇鱼肉内侧直刀剞花纹，再用斜刀剞上花纹，交叉为菱形。

四、工艺要点

直刀纹和斜刀纹均要剞到鱼片深处，一般深度为原料的4/5。斜刀角度均匀一致，不能剞破鱼皮，刀纹的深浅均匀一致。操作时注意保持原料形态完整。

学思悟践

1．学习：整理所学知识，制作本部分知识思维导图。

2．思考：松鼠鱼花刀操作过程中有哪些注意事项？

3．感悟：读一读下面的文字，谈一谈感悟。

松鼠鱼花刀，要求每一刀都要精确到毫米，既要保证肉的完整性，又要使鱼肉能够在烹饪过程中完美展开，呈现出美丽的花纹。邵同凯有时切得太浅，鱼肉不能完美展开；有时又切得太深，破坏了鱼的整体结构。李老师告诉他要注重过程和细节的把控。随着时间的推移，他的刀工越来越稳定。他学会了如何根据鱼的种类和肉质，调整刀刃的角度和力度。他还发现，不同的刀具对于切割效果也有着直接的影响。

4．实践：结合所学知识与技能进行松鼠鱼花刀技能训练，填写《实训报告书》(附录1)。

任务准备

仪容仪表：依据实训要求着工作服，做好个人清洁、消毒、安全防护。
实训工具：准备实训必备工具及砧板1个、毛巾1条、菜刀1把、瓷盘1个。
实训原料：草鱼。

任务实施

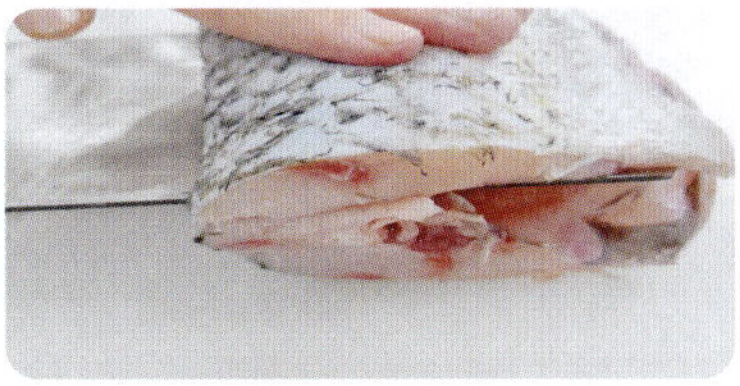

首先，将草鱼宰杀洗净。然后，运用直切的方法去掉鱼头，接着放平鱼身，运用平刀法沿脊柱骨将鱼身剖开。

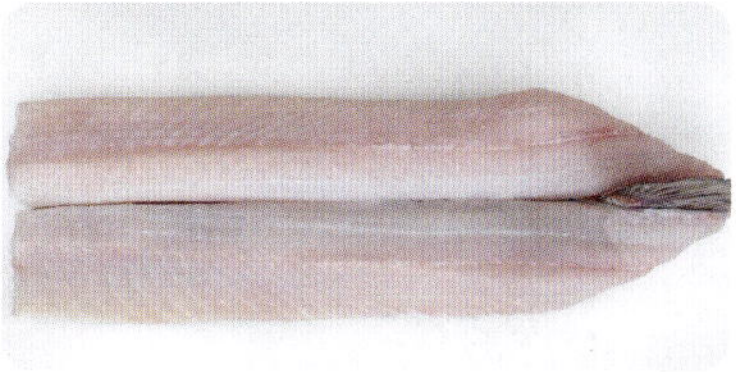

接着，在距离鱼尾3cm处停刀，去掉脊柱骨，用斜刀法劈去肋骨，切后的鱼肉方正，刀口平整，操作时注意安全。

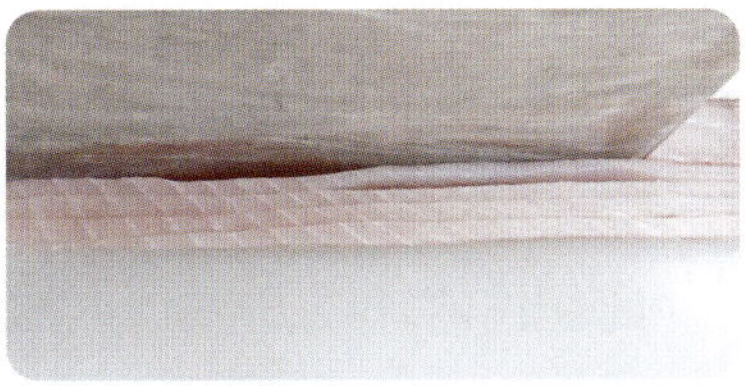
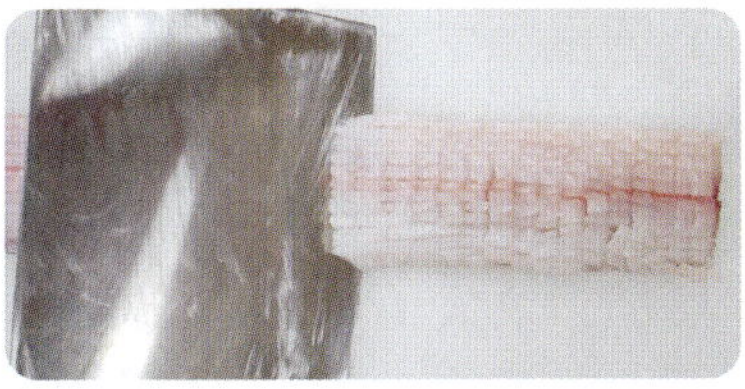
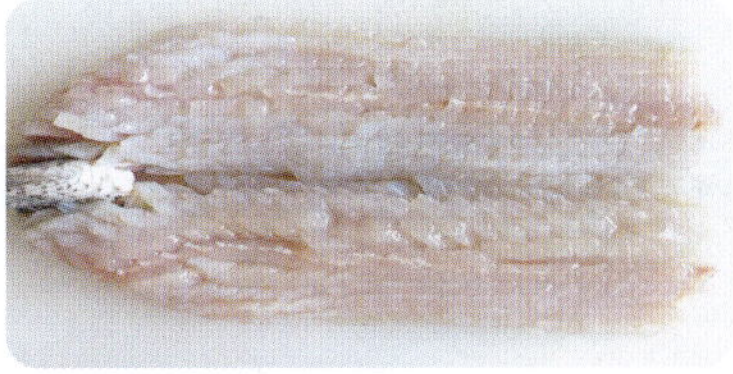

再在两扇鱼肉上剞刀距0.5cm直刀纹，深度要剞至鱼皮，再横着鱼身剞刀距0.5cm的交叉十字斜刀纹，深度也要剞至鱼皮。

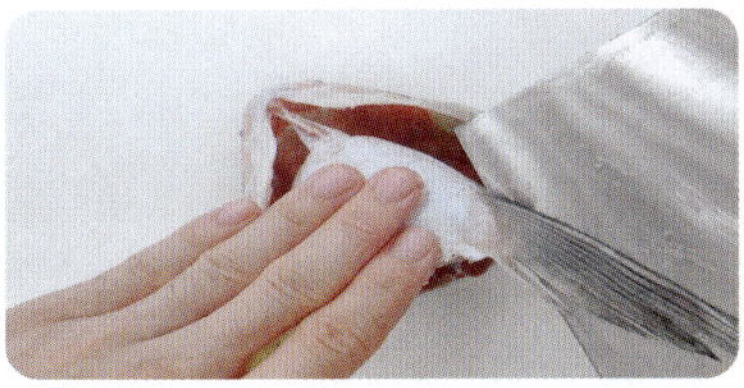

最后，切下胸鳍及其连接处，用于制作松鼠鱼鱼头，动作要轻，避免伤手。成品效果如图所示。

松鼠鱼花刀：草鱼

任务七

菊花形花刀

任务导读

菊花里脊，是广东省传统的地方名菜，因其成品形似菊花而得名。刀工精湛，火候掌握得当，是制作这道菜的关键，如此炸出来的里脊才会酥脆，看起来才会更像菊花。在口味上，可以做成椒盐口味，也可以做成糖醋口味。在原料的处理上，将猪里脊肉剞上相互垂直的刀纹，经过油炸后卷曲成菊花形态。

相关知识

一、定义

菊花形花刀，是指在原料表面运用直刀推剞，经加热后形成菊花形态的一种刀工技法。

二、适用原料

一般用于加工内酯豆腐、净鱼肉等。常见菜肴有菊花鱼、菊花里脊、菊花豆腐等。

三、操作方法

将猪里脊肉或净鱼肉放入冰箱，冷冻成微硬状态，左手扶料，防止滑动。右手持刀，运用直刀剞的方法，在肉上剞成横竖交叉90°的刀纹。深度为原料的4/5，不可切断原料，保持原料形态完整。将土豆或内酯豆腐四边修匀，用十字花刀的刀法切，先切片，再切丝，下部不可切断，动作要轻。

四、工艺要点

根据原料形态大小，选择合适的刀纹大小。如原料比较薄，可使用斜刀和直刀混合剞的方法。加工后刀距大小一致、交而不连、深浅一致、纹理均匀。

学思悟践

1．学习：整理所学知识，制作本部分知识思维导图。

2．思考：菊花形花刀操作过程中有哪些注意事项？

3．感悟：读一读下面的文字，谈一谈感悟。

杨新宇是一名企业员工，但他心中一直有一个梦想，那就是成为顶级大厨。为了梦想，他辞去了工作，转身进入一家酒店后厨，从头做起，学杂工、学切菜、学炒菜，十年的厨师生涯，新宇不怕苦不怕累，认真做好每道菜。他还积极学习和参加各种比赛，在省烹饪大赛当中取得了好成绩，多家酒店想聘请他。别人问他如何成为顶级厨师的时候，他说道，只要坚持目标，不怕苦不怕累，那么做任何事都会成功。

4．实践：结合所学知识与技能进行菊花形花刀技能训练，填写《实训报告书》（附录1）。

任务准备

仪容仪表：依据实训要求着工作服，做好个人清洁、消毒、安全防护。
实训工具：准备实训必备工具及砧板1个、毛巾1条、菜刀1把、削皮刀1把、瓷盘2个。
实训原料：土豆、鱼肉。

任务实施

首先，将土豆去皮，切去四面呈一个正方体。然后，用圆形压模压出一个圆柱体，采用直刀剞的刀法从右至左依次切成0.2cm厚的片。

再转动土豆，与第一刀呈90°，依次从右至左下刀。最后，将切好的菊花土豆拍上干淀粉，放入油锅中炸至成熟捞出。菊花形花刀成品效果如图所示。

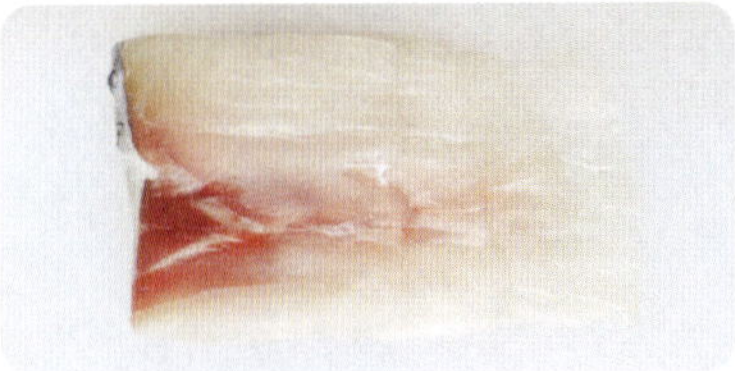
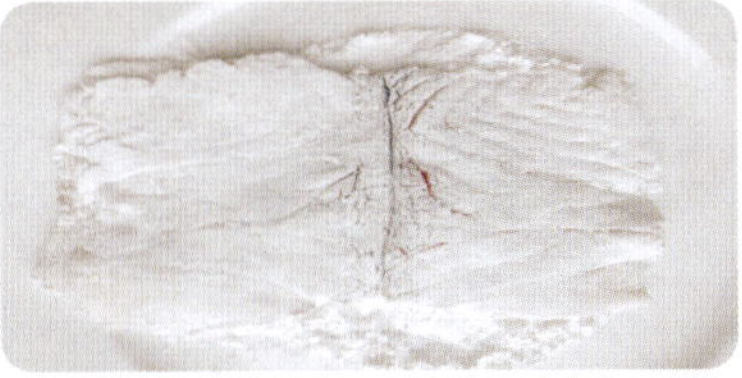

将鱼肉用菜刀斜35°下刀，左手手指压稳鱼肉，将菜刀片进鱼肉4/5处，翻开肉片。

然后，运用同样方法依次片出四片鱼肉后取下，粘上干淀粉，采用直刀剞的方法在鱼片上切出0.2cm粗的丝。最后，切好后放入油锅中炸至呈菊花形。成品效果如图所示。

菊花形花刀：土豆

菊花形花刀：鱼肉

任务八

麦穗形花刀

任务导读

鱿鱼作为一种美食，深受人们喜爱，在餐桌上，鱿鱼的做法层出不穷，有麻辣鱿鱼、铁板鱿鱼、爆鱿鱼卷等。但多数的鱿鱼菜肴制作对厨师的刀工有一定要求，细致的刀工能够让食材呈现出极致的美感，使得菜肴色香味形达到完美统一。

爆鱿鱼卷，入口脆嫩、口感鲜香，是以鱿鱼为主料爆炒而成。在原料的处理上，将刀在原料表面剞上花刀，然后改刀切成块，经滚水烫至卷曲，呈现麦穗形状，再炒制成菜。

相关知识

一、定义

麦穗形花刀，指在原料表面，运用直刀推剞和斜刀推剞加工，受热后呈麦穗形态的一种刀工技法。麦穗形花刀分为大麦穗形、小麦穗形两种。

二、适用原料

一般用于加工鱿鱼卷、猪腰等。常见菜肴有爆炒腰花、酸辣鱿鱼卷、爆鱿鱼卷等。

三、操作方法

左手扶稳原料，右手持刀。先用斜刀推剞，倾斜角度45°左右，刀纹深度为原料厚度的3/5。再转动一个角度用直刀推剞，直刀剞与斜刀剞相交，大约为75°，刀纹深度为原料厚度的4/5。

四、工艺要点

麦穗剞刀的倾斜角度越小，麦穗越长，反之，越短。倾斜度的大小，要根据原料厚度灵活调整。加工后刀距大小、刀纹深浅、斜刀角度均匀一致。

学思悟践

1．学习：整理所学知识，制作本部分知识思维导图。

2．思考：麦穗形花刀操作过程中有哪些注意事项？

3．感悟：读一读下面的文字，谈一谈感悟。

在一次实训课上，杨毅在处理鱼肚时，由于对麦穗形花刀的技巧理解不足，导致切口深浅不一，鱼肉在烹饪过程中出现了严重的不均匀现象，一侧焦煳而另一侧却尚未熟透。

李老师告诉他：刀工技巧虽然各有所长，但它们都遵循着相同的原则——精确、稳定、均匀。实践是提高麦穗形花刀技巧的最佳途径，一定要多练习、多尝试，逐步积累经验。在实际操作中，杨毅根据食材变化随时调整手法，以确保做出的麦穗形花刀精准到位。

4．实践：结合所学知识与技能进行麦穗形花刀技能训练，填写《实训报告书》(附录1)。

任务准备

仪容仪表：依据实训要求着工作服，做好个人清洁、消毒、安全防护。
实训工具：准备实训必备工具及砧板1个、毛巾1条、菜刀1把、瓷盘2个。
实训原料：鱿鱼、猪腰。

任务实施

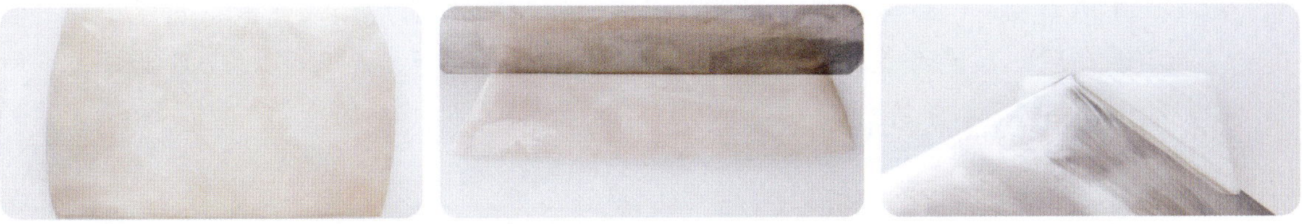

首先，将鱿鱼改刀成宽5cm左右的长方形，刀身呈45°夹角、刀面呈30°夹角，反刀斜剞约0.2cm刀距的斜刀纹，深度为原料的2/3。

依次剞完。调转原料，剞成交叉十字花纹，深度为原料的4/5，再顺直剞纹路每隔2.5cm断料，经烹制卷缩后即成麦穗形。成品效果如图所示。

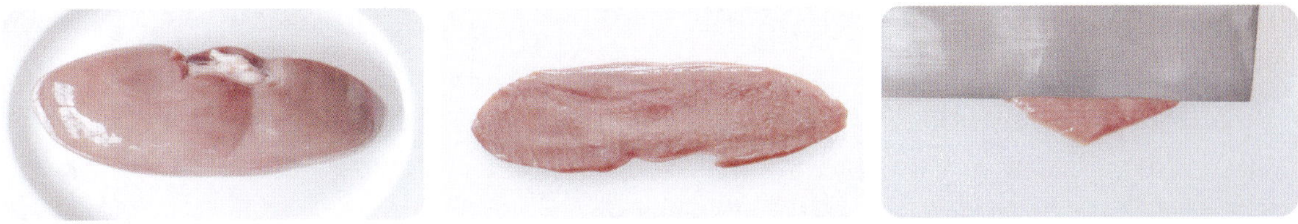

将猪腰运用平刀法一分为二。使刀身与原料呈45°夹角反刀斜剞约0.2cm刀距的斜刀纹，深度为原料的2/3。

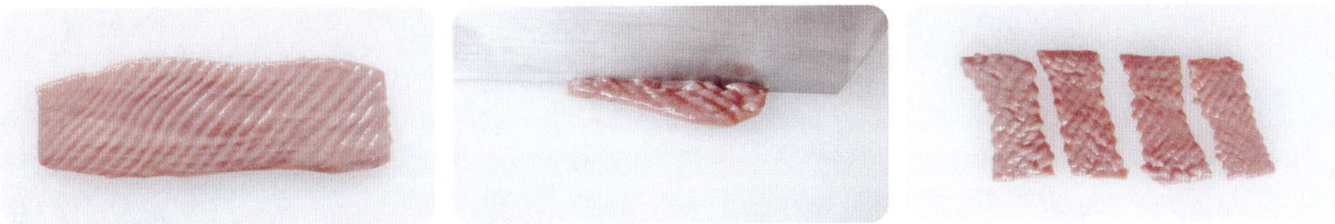

依次剞完。再调转原料，直剞0.2cm宽与反刀斜剞交叉十字花纹，深度为原料的4/5，最后顺直剞纹路每隔2.5cm断料，经烹制卷缩后即成麦穗形。成品效果如图所示。

麦穗形花刀：鱿鱼

麦穗形花刀：猪腰

任务九

荔枝形花刀

任务导读

芫爆腰花作为鲁菜的传统菜肴，是用腰花加芫荽爆炒而成。芫爆要求热油、旺火、速成，芫荽一般在成熟后期加入。在原料的处理上，将猪腰剞上刀纹，然后改刀成等边三角形，经过加热卷曲成荔枝形态。

相关知识

一、定义

荔枝形花刀，指将原料表面两次直刀剞上花刀，受热后卷曲成近似荔枝形态的一种刀工技法。

二、适用原料

一般用于加工猪腰、鱿鱼、墨鱼等。常见菜肴有荔枝鱿鱼、荔枝腰花、芫爆腰花。

三、操作方法

左手扶料，右手持刀。在原料上推剞出若干条平行刀纹，刀距相等，进刀深度为原料厚度的4/5。将原料转80°～90°，仍用直刀推剞出若干平行刀纹，刀距、深度同上，与上一步推剞出的刀纹相交呈80°～90°。

四、工艺要点

刀距大小、刀纹深浅、斜刀角度均匀一致。剞刀法与麦穗形花刀相同。操作时注意安全。

学思悟践

1. 学习：整理所学知识，制作本部分知识思维导图。

2. 思考：荔枝形花刀操作过程中有哪些注意事项？

3. 感悟：读一读下面的文字，谈一谈感悟。

将猪肝切荔枝形花刀时，错误的操作往往会导致成品与预期大相径庭。例如，若切割的角度不当，猪肝表面便不会呈现出理想的纹理；如果力度控制不均，则可能会造成猪肝切片厚薄不一，影响烹饪时加热的均匀性。有的厨师在切割时忽略了猪肝的质地特点，使用了不合适的刀具，导致猪肝被压碎或者切割面过于粗糙。因此，要选择锋利且具有一定重量的菜刀，在切割时更好地控制力度，保证切割的准确性和效率。要确保猪肝清洗干净并去除多余的血脉。否则，不仅会影响最终的口感，还会让精心制作的花纹被血水所模糊。

4. 实践：结合所学知识与技能进行荔枝形花刀技能训练，填写《实训报告书》（附录1）。

任务准备

仪容仪表：依据实训要求着工作服，做好个人清洁、消毒、安全防护。
实训工具：准备实训必备工具及砧板1个、毛巾1条、菜刀1把、瓷盘1个。
实训原料：猪腰。

任务实施

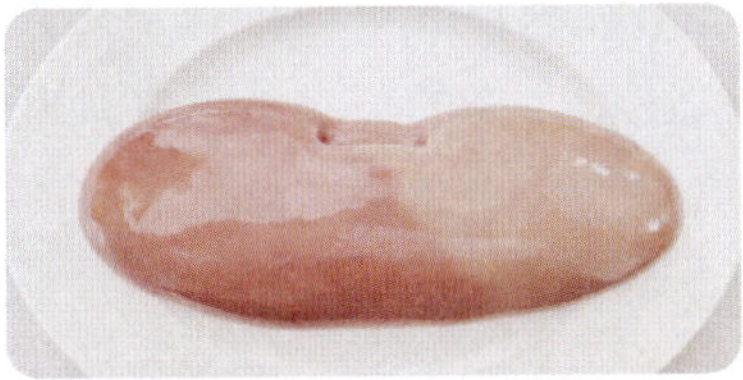
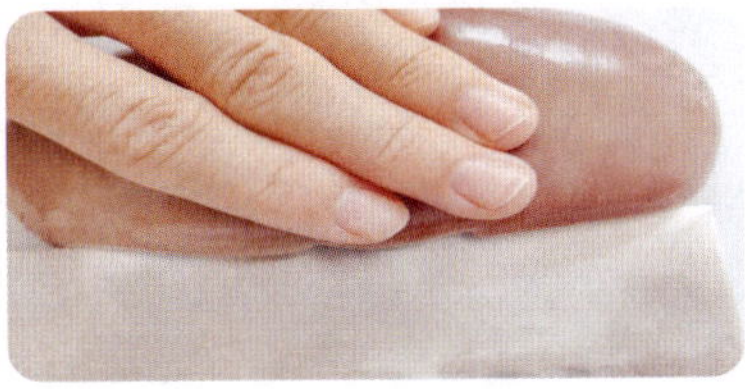
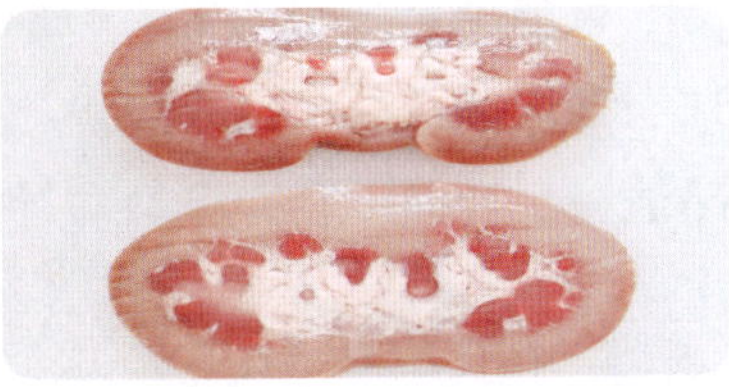

首先，将猪腰撕掉外面的纤维膜，光面向下平放在砧板上，用平刀法将猪腰均匀地一切为二。

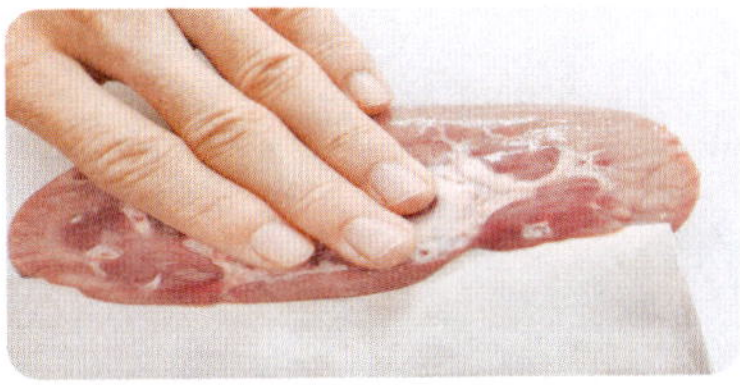
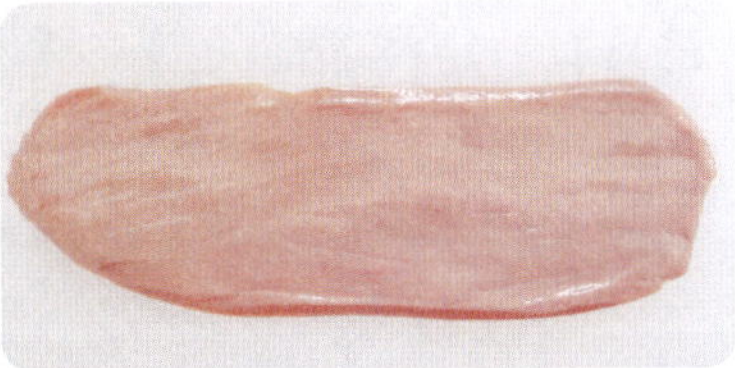
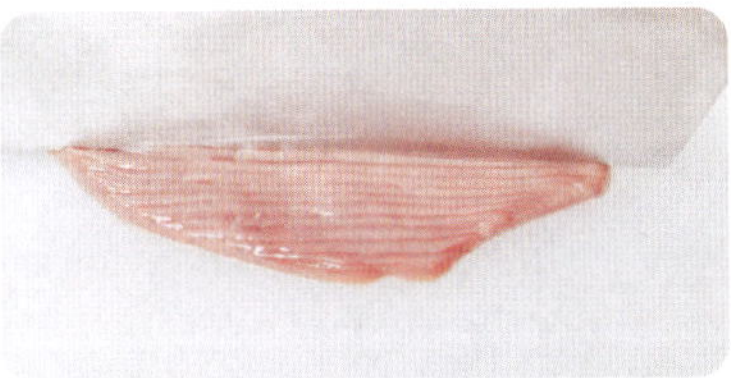

接着，横放腰片，刀与腰片呈45°夹角，片去腰臊，整理平整后，先斜刀剞一排平行的刀纹，刀距约为0.2cm，深度至猪腰的2/3。

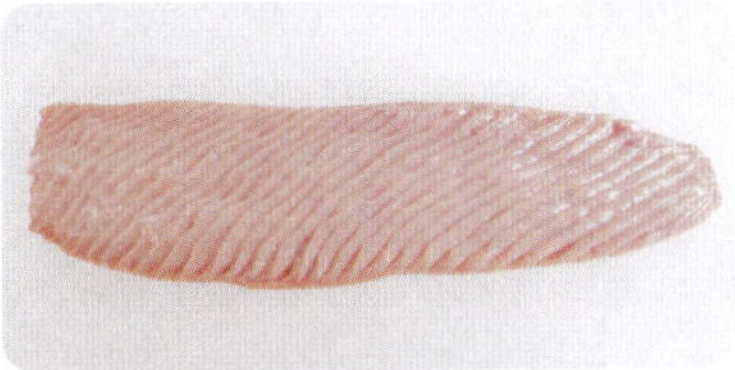
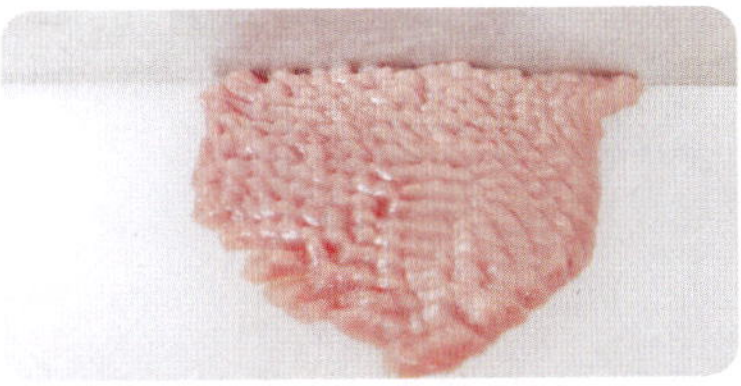
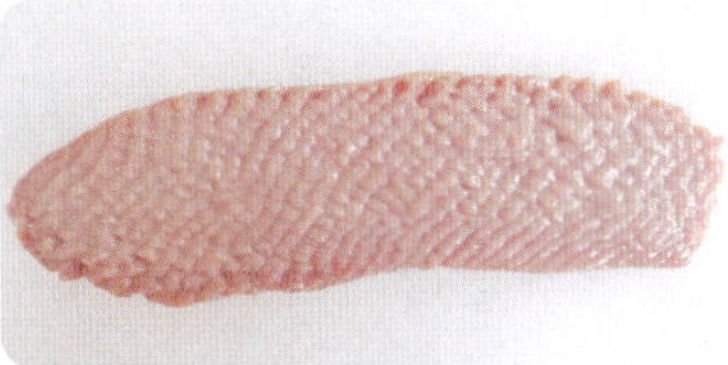

然后，用直刀剞花纹，成为垂直交叉十字花纹。深度为猪腰厚度的4/5，刚好有一点皮连着即可，不可切透。

最后，顺纹路切成长约5cm、宽约3cm的长方块、菱形块或三角形块，经加热卷缩后即成荔枝形。成品效果如图所示。

荔枝形花刀：猪腰

任务十

蓑衣形花刀

任务导读

黄瓜是夏季必不可少的消暑蔬菜，不管是生吃还是凉拌，都清脆爽口。黄瓜菜肴中具有代表性的那必然是蓑衣黄瓜，纪录片《舌尖上的中国》曾这样描述“合格的蓑衣黄瓜必须间隔适中，切而不断，蘸料后才能入味爽脆，改刀后，平凡的黄瓜变身艺术化的美食”。

相关知识

一、定义

蓑衣形花刀，又称蜈蚣形花刀，指运用直刀剞和斜刀剞的方法，在原料正反两面剞上花刀，拉伸成蓑衣状，类似弹簧，是具有一定伸缩性的刀工技法。

二、适用原料

一般用于加工黄瓜、莴苣、胡萝卜等。常见菜肴有糖醋蓑衣黄瓜、蓑衣萝卜、红油豆腐干、卤兰花干等。

三、操作方法

先在原料一面直刀剞，刀身与原料垂直，刀与砧板呈15°夹角，原料前半部分切至2/3，后半部分切至3/4。然后以刀距0.2cm，采用同样方法在原料另一面直刀剞上一字形刀纹，刀身与原料呈15°～30°夹角。最后，刀距为0.2cm，刀纹与斜一字形刀纹相交，形成一定角度，切好后拉开原料即呈蓑衣状。

四、工艺要点

拉直后长度为原来的1.5倍左右。正反两面的运刀斜度、宽度、深度要均匀一致。

学思悟践

1．学习：整理所学知识，制作本部分知识思维导图。

2．思考：蓑衣形花刀操作过程中有哪些注意事项？

3．感悟：读一读下面的文字，谈一谈感悟。

有些初学者在操作时过于用力，导致黄瓜断裂；或是下刀不够均匀，使得蓑衣展开后的形态参差不齐，严重影响菜品的整体美观，要反复训练提升技能。

除了刀工和调味，蓑衣黄瓜花刀的摆盘也是影响美感的关键环节。一盘好的蓑衣黄瓜花刀应该色彩搭配和谐，摆放有序，形成视觉上的美感。如果摆盘时随意堆砌，或色彩搭配不协调，就会使整个盘子显得杂乱无章，缺乏美感。

4．实践：结合所学知识与技能进行蓑衣形花刀技能训练，填写《实训报告书》(附录1)。

任务准备

仪容仪表：依据实训要求着工作服，做好个人清洁、消毒、安全防护。
实训工具：准备实训必备工具及砧板1个、毛巾1条、菜刀1把、削皮刀1把、瓷盘2个。
实训原料：黄瓜、白萝卜。

任务实施

将黄瓜放平，运用直刀剞的方法，间距0.2cm依次剞完原料，深度为原料的4/5。

然后，将黄瓜翻转，刀与黄瓜第一刀连接处呈45°夹角，刀距0.2cm依次剞完原料的另一面。最后，轻轻拉开，成品效果如图所示。

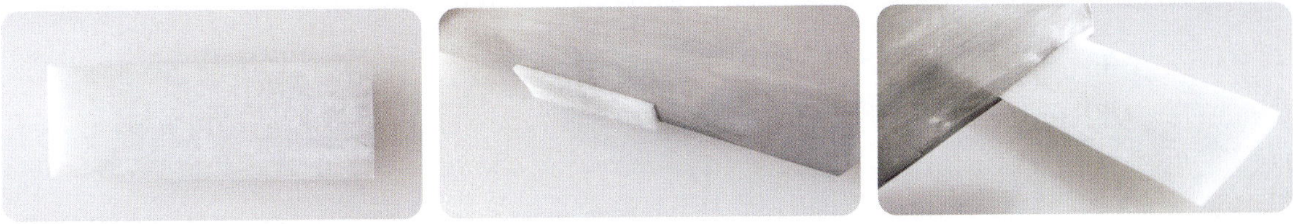

将萝卜改刀成长10cm、宽3cm、厚1cm的块。刀与萝卜块呈直角，运用直刀剞，间距0.2cm剞完原料，深度为原料的4/5。

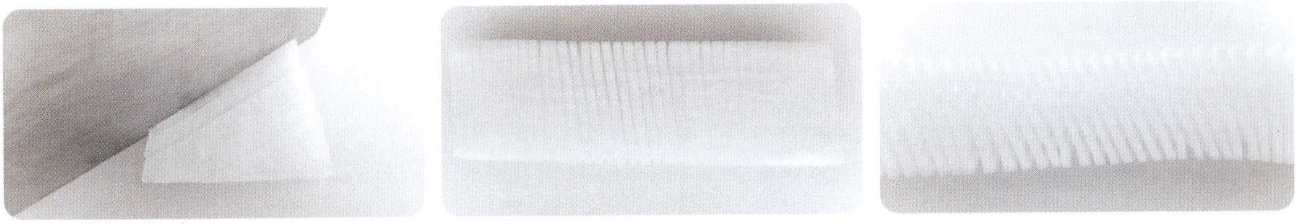

然后，将萝卜块翻转，刀与萝卜块呈45°夹角，刀距0.2cm依次剞完原料的另一面。最后，轻轻拉开原料，成品效果如图所示。

蓑衣形花刀：黄瓜

蓑衣形花刀：白萝卜

任务十一

灯笼形花刀

任务导读

盘饰，是一门艺术，以烹饪美学为基础，精湛的烹饪技术为手段，在烹饪过程中融入中国传统文化的表现形式，菜品经过点缀修饰，显得更加精美，让人胃口大开。灯笼形花刀，因处理后的原料形似灯笼而得名。可以表达喜庆、吉祥、祝福的意愿。

相关知识

一、定义

灯笼形花刀，指在原料表面运用斜刀拉剞和直刀推剞的刀法剞上花刀，使其加热卷曲后呈灯笼形态的一种刀工技法。

二、适用原料

一般对胡萝卜等蔬菜进行加工，用于菜肴的装饰，也可制作凉拌菜肴。还可以加工猪腰、净鱼肉等，常见菜肴有鱿鱼卷、炝拌腰花。

三、操作方法

先将猪腰片开成大片，改成长约4cm，宽约3cm，厚2～3mm的片。然后，在原料一端斜刀拉剞上两刀，深度为原料厚度的3/5。接着，在另一端向相反方向剞上两刀。最后，转一个角度直刀剞上深度为原料厚度4/5的刀纹。

四、工艺要点

斜刀进刀深度要浅于直刀进刀深度。植物性原料加工后手动成形，放于盘中进行装饰。动物性原料成品受热后卷曲成灯笼状。

学思悟践

1．学习：整理所学知识，制作本部分知识思维导图。

2．思考：灯笼形花刀操作过程中有哪些注意事项？

3．感悟：读一读下面的文字，谈一谈感悟。

学校下周进行星级厨师比赛，比赛要求十分钟之内雕刻出月季花。周兴佳练习了一段时间后发现无论如何都无法缩短雕刻的时间。于是，她请教了雕刻老师。老师告诉他，可以改变现有的雕刻方法。在老师的指导下，她钻研出一套全新的月季花雕刻方法，不仅缩短了时间，还提高了质量。在比赛当中，更是获得了第一名。赛后，周兴佳还把自己的方法分享给其他同学，每个同学经过练习，都能够又快又好地雕刻月季花。

4．实践：结合所学知识与技能进行灯笼形花刀技能训练，填写《实训报告书》（附录1）。

任务准备

仪容仪表：依据实训要求着工作服，做好个人清洁、消毒、安全防护。
实训工具：准备实训必备工具及砧板1个、毛巾1条、菜刀1把、削皮刀1把、瓷盘1个。
实训原料：胡萝卜。

任务实施

首先，顺胡萝卜1/3处准备下刀，运用直刀切将胡萝卜切开。

然后，按照灯笼的高度横切断胡萝卜，平放原料段后在两边各直剞一刀，深度为原料的4/5。平片一刀去掉余料。

接着，按照一定弧度修整原料，在弧度面均匀地横剞数刀，要求刀距均匀，深浅一致，层次分明。

最后，将原料反转，交叉均匀直剞数刀，剞好的原料轻轻展开呈灯笼形状。灯笼形花刀成品效果如图所示。

灯笼形花刀：胡萝卜

任务十二

雀翅形花刀

任务导读

《清异录》中记载“呙国使者来汉，隋人求得菜种，酬之甚厚，故因名千金菜，今莴苣也”。莴笋原产于地中海沿岸，后传入中国，又名莴苣、莴笋。暖春三月，是踏青、春游的好季节，也是品尝莴笋的好时节。凉拌、炒至皆可，口感清脆爽口，带有丝丝甘甜，深受人们喜爱，可谓“千金不换”。雀翅形花刀，因形似雀翅而得名，可用莴笋等脆性原料制作。

相关知识

一、定义

雀翅形花刀，指将原料加工成雀翅形的一种花刀工艺。

二、适用原料

一般用于加工白萝卜、胡萝卜、黄瓜、莴苣等，对菜肴进行装饰，也可制作凉拌菜肴。

三、操作方法

左手扶稳原料，右手先将原料修整，运用平刀法使底部保持不断的情况下加工成厚0.1cm的片，最后用直刀切成0.1cm粗的连刀的丝。

四、工艺要点

操作时动作要轻，下刀要稳，出品要直、厚薄一致，这是成品美观的关键。

学思悟践

1. 学习：整理所学知识，制作本部分知识思维导图。
2. 思考：雀翅形花刀操作过程中有哪些注意事项？
3. 感悟：读一读下面的文字，谈一谈感悟。

雀翅形花刀常见问题：一是在切割力度上的失控。如果在操作过程中力度过大，很容易导致食材被切得过深或过厚，从而破坏了原有的结构和外观。二是在切割角度上的不当选择。雀翅形花刀的正确使用方法应该是保持一定的角度进行推切或拉切，但有时候厨师可能会忽视了这一点，直接垂直下切。这样的切割方法不仅无法形成美观的花纹，还可能在食材表面留下不雅观的切口痕迹。

4. 实践：结合所学知识与技能进行雀翅形花刀技能训练，填写《实训报告书》(附录1)。

任务准备

仪容仪表：依据实训要求着工作服，做好个人清洁、消毒、安全防护。

实训工具：准备实训必备工具及砧板1个、毛巾1条、菜刀1把、削皮刀1把、瓷盘2个。

实训原料：红心萝卜。

任务实施

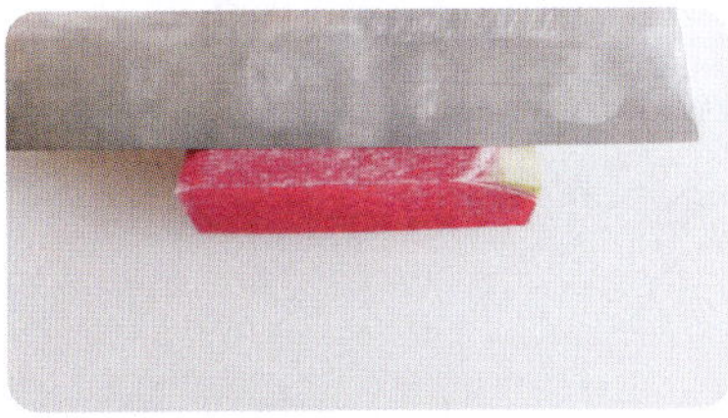

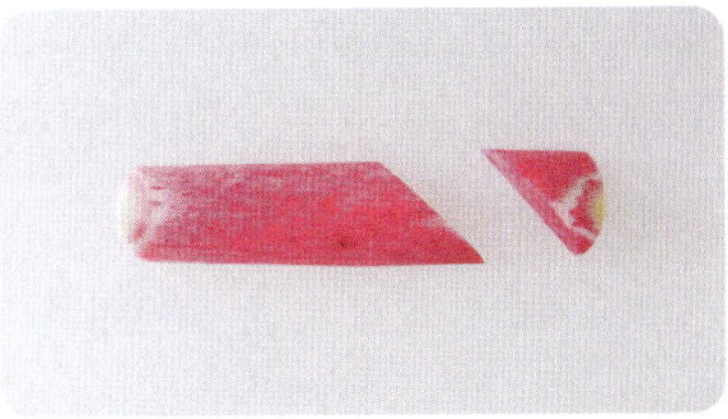

首先，将红心萝卜改刀成长条状，用直切的方法顺萝卜条切下一角。

然后，运用拉刀方法，划成刀距为0.1cm的连刀片（每片留1/5不划断）。最后，每十刀一断料，翻折处理。成品效果如图所示。

雀翅形花刀：红心萝卜

任务十三 锯齿形花刀

任务导读

蜈蚣腰丝是一道传统鲁菜，因形似蜈蚣而得名。相传，一饭店有位学徒十分羡慕自己师傅的刀工，每次都暗自观察，牢记要点，却没机会去实际操作。这天，店里生意十分火爆，师傅有些忙不过来，便让徒弟切一些腰丝。徒弟按照师傅的操作切了两大盘，这时正巧客人点了一盘腰丝，慌忙之中，拿起腰丝、玉兰片、香菇丝进行烫制，腰丝经过加热变成了蜈蚣形状。师傅在灶台上直接调味上桌。客人尝了之后，腰丝不仅没走味，形状还十分新奇，纷纷称赞此菜，后成为店中招牌菜。

相关知识

一、定义

锯齿形花刀，又称蜈蚣丝，是指运用直刀切和斜刀推剞等刀法，将原料加工成边缘有锯齿形状的一种刀法。

二、适用原料

一般用于加工嫩白菜帮、洋葱、鱿鱼。常见菜肴有凉拌鱿鱼丝、蜈蚣腰丝等。嫩白菜帮、洋葱加工后经冷水浸泡卷曲，可用于拌制冷菜，也可作为点缀、围边，装饰菜肴之用。

三、操作方法

左手扶料，右手持刀，先在原料上剞上深度为原料厚度4/5的刀纹，然后再将原料切断。

四、工艺要点

加工要求刀距宽窄、刀纹深浅、粗细程度都要均匀一致。加工后需用冷水浸泡。操作时，遵守实训制度，注意安全。

学思悟践

1．学习：整理所学知识，制作本部分知识思维导图。

2．思考：锯齿形花刀操作过程中有哪些注意事项？

3．感悟：读一读下面的文字，谈一谈感悟。

锯齿形花刀不仅能够为菜品增添美感，也是展现厨师刀工细腻程度的一种方式。锯齿形花刀要求每一刀都需均匀、深浅一致且不切断食材。首先是控制力道，力度要均匀，以确保每个锯齿的大小和深度基本相同。其次，推进的速度也要适中，过快可能导致切口不清晰，过慢可能会使食材底部出现不均匀的压力。另外，每一次切刻之间要保持一定距离，这样才能形成明显的锯齿形状。

4．实践：结合所学知识与技能进行锯齿形花刀技能训练，填写《实训报告书》(附录1)。

任务准备

仪容仪表：依据实训要求着工作服，做好个人清洁、消毒、安全防护。
实训工具：准备实训必备工具及砧板1个、毛巾1条、菜刀1把、不锈钢盆1个。
实训原料：洋葱。

任务实施

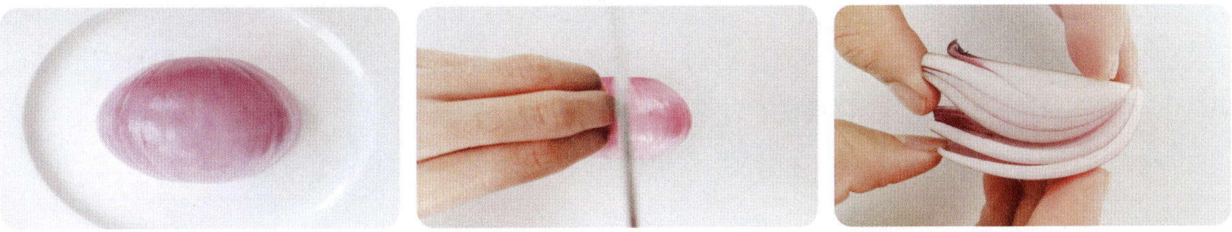

首先，用直刀法将洋葱一切为四，按层掰开。然后，运用反刀斜片的方法去掉头部。

接着，两边各修一刀使之呈长方形，横放洋葱块，运用反刀斜片的方法去掉头部，操作时注意安全。

使刀与原料呈45°角，再运用反刀斜剞的方法在洋葱上剞出刀距约为0.1cm宽的花纹，深度为2/3。

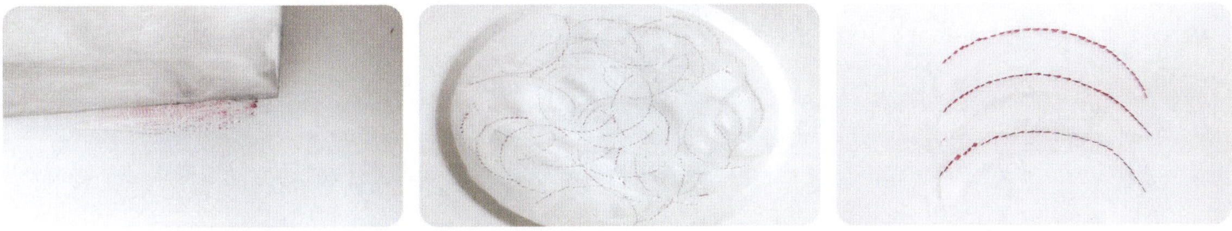

最后，顺洋葱直切0.1cm粗的丝。切后放冷水中浸泡，卷缩成形，成品效果如图所示。

锯齿形花刀：
洋葱

任务十四

凤尾形花刀

任务导读

老师傅常说“三刀三叶凤点头”，来形容凤尾形花刀的切法秘诀。凤尾腰花是四川省的传统名菜。猪腰经过三刀一断的刀工处理，旺火爆炒快速成菜，受热之后收缩卷曲而形似凤尾，夹在筷子上，犹如翩翩起舞的羽毛，又好似凤凰点头。

如今，人们尝试用新刀法，把各类蔬菜做出各种凤尾形，常用于菜品装饰。

相关知识

一、定义

凤尾形花刀，指在原料表面剞上花刀，加热卷曲后呈凤尾形态的一种刀工技法。

二、适用原料

一般用于加工爆炒类菜肴原料，如猪腰、黄瓜、胡萝卜、春笋，也常用于菜肴的装饰点缀。

三、操作方法

以凤尾腰花为例，先将猪腰撕去薄膜，左手扶稳原料，右手持刀，将猪腰对半切开，去除腰臊。左手轻按猪腰，右手斜刀切至原料的4/5处，不切断。再翻转猪腰，用直刀推剞至2/3处，每切到第三刀的时候，把原料切断，最终形成凤尾形。

四、工艺要点

每组分片要相等、刀距要均匀。直刀法和斜刀法交替灵活运用，刀距与深度均匀。断连部分要分明，凤尾翘起部位要清晰。

学思悟践

1. 学习：整理所学知识，制作本部分知识思维导图。
2. 思考：凤尾形花刀操作过程中有哪些注意事项？
3. 感悟：读一读下面的文字，谈一谈感悟。

凤尾形花刀每一次划切都要保持相同的间距和深度，这对于最终形成的图案是否规则至关重要。同时，练习过程中要保持手部的稳定，让每一刀都尽可能平行，这样展开后的凤尾才会更加整齐美观。如果力度控制不当会导致断裂，或者间距不一导致图案不均匀。

操作时既要确保刀具锋利，又要注意安全，因为安全始终是厨房工作的首要原则。在使用刀具时，要确保手指的位置正确，避免割伤。每次使用完毕后，要及时清洗并妥善放置刀具。

4. 实践：结合所学知识与技能进行凤尾形花刀技能训练，填写《实训报告书》（附录1）。

任务准备

仪容仪表：依据实训要求着工作服，做好个人清洁、消毒、安全防护。
实训工具：准备实训必备工具及砧板1个、毛巾1条、菜刀1把、白钢盆1个、瓷盘1个。
实训原料：西芹。

任务实施

首先，运用平刀法片进西芹棱角处，将西芹的棱角片掉。

西芹修好形状以后平放。然后，运用斜刀片，去掉西芹的边角料。操作时，动作要轻，注意安全。

接着，按照0.1cm厚度将西芹斜刀剞一刀，再用相同的方法斜刀剞三刀，每四刀断料，断连部分要分明。

最后，运用直刀剞的方法每隔0.1cm与斜刀剞交叉直剞一刀。直剞完用冷水浸泡30min取出。凤尾形花刀成品效果如图所示。

凤尾形花刀：西芹

任务十五

鱼鳃形花刀

任务导读

茄子根据形状的不同分为圆茄、长茄、矮茄。茄子最好吃的季节还是在夏季，做法很多，煮、炒、炖、拌等都可以。鱼鳃茄子是用茄子做的一道特色菜，因形似鱼鳃而得名。在原料处理上，将茄子去皮、切块，剞上鱼鳃形花刀。

相关知识

一、定义

鱼鳃形花刀，又称梳子花刀、眉毛花刀，指直刀推剞和斜刀拉剞交替运用，切出料形，经加热后呈鱼鳃形的一种刀工技法。

二、适用原料

一般用于加工猪腰、猪肚、茄子、黄瓜等。常见菜品有鱼鳃茄子、掸炝鱼鳃腰片等。

三、操作方法

以茄子为例。先把茄子片成片，再直刀推剞到原料的4/5处，再调转角度，斜刀剞至原料的3/5处。用斜刀拉片将原料断开，即一刀相连一刀断开，即成鱼鳃形状。

四、工艺要点

刀距均匀，大小一致。剞刀切时不可将原料切透，应连则连，应断则断。操作时注意安全。

学思悟践

1. 学习：整理所学知识，制作本部分知识思维导图。

2. 思考：鱼鳃形花刀操作过程中有哪些注意事项？

3. 感悟：读一读下面的文字，谈一谈感悟。

掸炝鱼鳃腰片是豫菜的传统菜肴，是由鱼鳃腰片发展而来。采用豫菜独特技法“掸炝”烹制而成，考验厨师对火候和水温的掌控。在烹制过程当中，将腰片、黄瓜片、冬笋、木耳分别下锅，迅速搅开，然后立刻捞出，保持原料的脆、嫩和色泽。然后把兑好的料汁放入锅中，投入原料快速炒制而成。掸炝鱼鳃腰片腰片细嫩，口味咸鲜。在原料处理上，先把猪腰片成片，在直刀推剞到原料的4/5处，再调转角度，斜刀剞至原料的3/5处。用斜刀拉片将原料断开，即一刀相连一刀断开，即成鱼鳃形状。

4. 实践：结合所学知识与技能进行鱼鳃形花刀技能训练，填写《实训报告书》（附录1）。

任务准备

仪容仪表：依据实训要求着工作服，做好个人清洁、消毒、安全防护。
实训工具：准备实训必备工具及砧板1个、毛巾1条、菜刀1把、削皮刀1把、瓷盘1个。
实训原料：茄子。

任务实施

首先，将茄子去皮。接着，去皮后的茄子用直刀法一切为二。

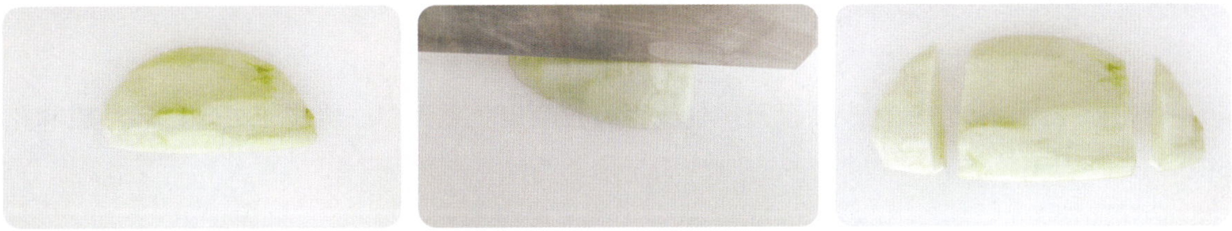

再用直刀法一切为四。然后，直切去掉两头，用斜刀法修整原料弧度，使茄子弧度平滑圆润。

将修好的茄子平面朝下放平，从右到左，由上及下每隔0.5cm平片一刀，后部留1/5不断料。

最后，运用拉刀切，与平片呈十字交叉，间距0.2cm依次切完茄子，成品效果如图所示。

鱼鳃形花刀：
茄子

任务十六

麻花形花刀

任务导读

“腊月二十六，杀猪割年肉”。杀年猪作为一些地区的传统习俗，从一定程度上反映了盼望吃肉的心情。如今，在中国大多数地区，猪肉被做成各式各样的菜肴摆满了过年的餐桌，这不仅是一种味道的传承，是一种浓浓的幸福感，更是一种过年的仪式感。人们喜欢在品尝美味佳肴的同时，感受美好生活的变化。麻花腰子是山东省的传统名菜，此菜色泽鲜艳，形似麻花，软嫩鲜美，味香爽口，宜热食。

相关知识

一、定义

麻花形花刀，指在原料表面直刀推剞或直刀拉剞出三条刀口，经手工处理以后形成麻花形状的一种刀工技法。

二、适用原料

一般用于加工鸡胸肉、通脊肉、肥膘肉、猪腰、莴苣等。常见菜肴有软炸麻花腰子、芝麻腰子、麻花莴苣。

三、操作方法

将猪腰片开，切成大小均匀的长方形片，顺着原料的长边方向用刀尖在原料中间和两端划上三刀，保持两端各留1cm不断，最后捏起原料一端从中间刀口穿过，拉伸后呈麻花状。

四、工艺要点

原料中间的刀口长度适中，避免过长或过短，以原料可自由穿过为宜。两侧刀口长短一致，且不能穿反。操作时动作要轻，以免将原料拉断。

学思悟践

1. 学习：整理所学知识，制作本部分知识思维导图。
2. 思考：麻花形花刀操作过程中有哪些注意事项？
3. 感悟：读一读下面的文字，谈一谈感悟。

在厨艺训练中，王倩在尝试制作麻花形花刀时遇到了困难。李老师指出了王倩的错误：她有时过于用力，导致食材被切断；有时角度控制不当，做出的麻花形状不佳。

李老师提示：在使用花刀技巧时，力度要均匀，切忌过猛或过轻；刀与食材接触的角度至关重要，通常应控制在45°左右，以确保每次切割深度一致；掌握好切的速度以形成完美的麻花形花刀纹路。

4. 实践：结合所学知识与技能进行麻花形花刀技能训练，填写《实训报告书》(附录1)。

任务准备

仪容仪表：依据实训要求着工作服，做好个人清洁、消毒、安全防护。
实训工具：准备实训必备工具及砧板1个、毛巾1条、菜刀1把、瓷盘1个。
实训原料：鸡胸肉、面粉适量。

任务实施

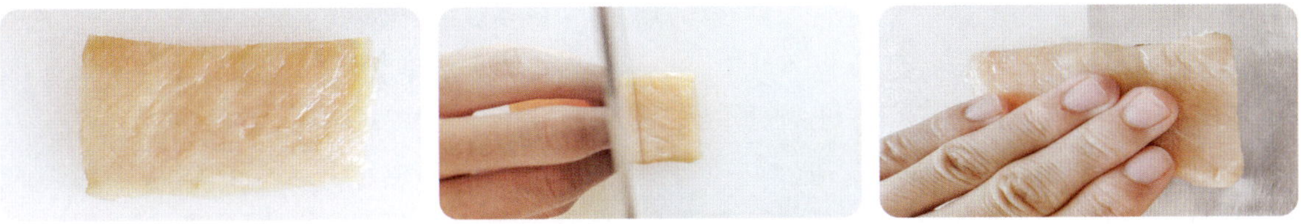

首先，按照鸡胸肉纹理去掉筋膜，将鸡胸肉改刀成大片。

然后，再平片成0.4cm的厚片，按长4.5cm、宽2.5cm改刀成条状，在鸡胸肉条中间顺长边划开约3cm的口。

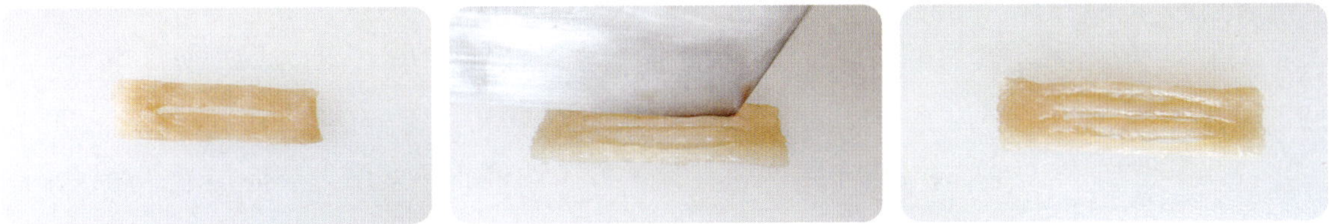

接着，切好后将肉片展开，再在中间缝口的两边各划一道约2.5cm的口。操作时注意三个口之间距离一样。

最后，切好后均匀地拍少许淀粉，用手抓住两端，将原料一端从中间缝口穿过，炸制定型即成麻花形。

麻花形花刀：
鸡胸肉

任务十七

如意形花刀

任务导读

随着生活水平的提高，中国人对于美食的追求不仅仅停留在吃饱吃好，更多地追求菜肴的美感，味蕾的美好体验，舒适的就餐环境。对菜肴进行艺术装饰，使得菜肴色泽、盛器内容相得益彰，成为现代中餐必不可少的环节之一。

冷菜多用加工后蔬菜的叶、茎、根作为装饰，其中，如意形花刀是比较常用的一种刀法。

相关知识

一、定义

如意形花刀，指在原料运用直刀切的方法加工后，拼接成如意形状的一种刀工技法。

二、适用原料

一般用于加工白萝卜、青萝卜、南瓜、芋头等，多用于菜肴的围边或充当配料。

三、操作方法

将原料加工成2cm×2cm×2cm的大丁，在每一面正方形边的中点切下去，长度与深度均为正方形边长的一半。按照顺时针或逆时针方向依次向其他面切制，直至将原料一分为二。

四、工艺要点

成品形似如意。加工时要求丁的大小一致，分丁均等。注意用刀姿势规范，确保操作安全。

学思悟践

1．学习：整理所学知识，制作本部分知识思维导图。

2．思考：如意形花刀操作过程中有哪些注意事项？

3．感悟：读一读下面的文字，谈一谈感悟。

王文浩进行如意形花刀训练，他将胡萝卜洗净去皮，放于砧板上进行操作。由于他力度不均和角度把握不准，造成成品效果不佳。李老师指出如意形花刀关键在于调整刀具的角度和深度，每一次的切割都要精确控制，确保每道花纹深浅一致，间距均匀。王文浩意识到掌握要领是更好进行操作的关键，经过反复练习，终于能熟练地运用如意形花刀技艺制作出菜点作品。

4．实践：结合所学知识与技能进行如意形花刀技能训练，填写《实训报告书》（附录1）。

任务准备

仪容仪表：依据实训要求着工作服，做好个人清洁、消毒、安全防护。
实训工具：准备实训必备工具及砧板1个、毛巾1条、菜刀1把、削皮刀1把、瓷盘1个。
实训原料：青萝卜。

任务实施

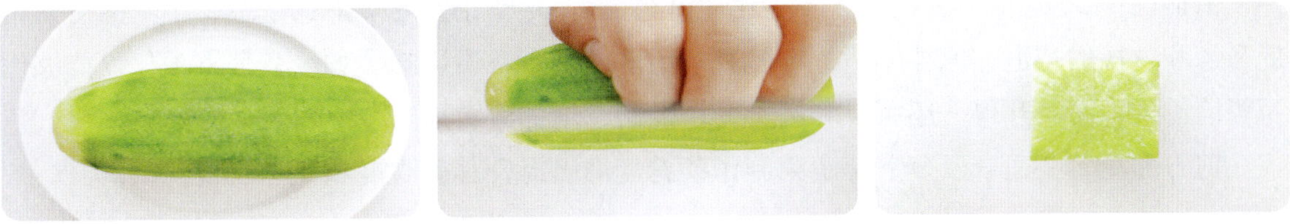

首先，将青萝卜去皮，运用直切的方法将青萝卜切成四方块。

然后，在原料一面的1/2处用刀尖垂直方向直剞两刀，深度为原料的1/2，要求刀纹相连，但两刀口长度不得超过中心点。

接着，将原料旋转，用同样的方法对第二面进行切制，之后再旋转，切制第三面、第四面，刀纹相连。

最后，下刀处与最后一刀相连，沿刀纹掰开萝卜四方块，呈“品”字形，成品效果如图所示。

如意形花刀：
青萝卜

任务十八

剪刀形花刀

任务导读

俗话说：“冬吃萝卜夏吃姜，不劳医生开药方。”冬季正是吃萝卜的季节，生吃的时候略带辛辣和独特的味道，凉拌一下，清脆爽口的萝卜别有一番风味。如今，萝卜不仅仅能够作为餐前小菜，清爽开胃。还可以和肉类一块炖制，增加菜肴风味。

剪刀形花刀，适合以萝卜等蔬菜制作菜肴盘饰以提升其美观度和风味表现。

相关知识

一、定义

剪刀形花刀，指在原料正反表面运用直刀推剞和平刀片的刀法剞上花刀，拉开后呈剪刀形状的一种刀工技法。

二、适用原料

一般用于加工白萝卜、胡萝卜、莴苣等，既可用于菜肴装饰，也可用于制作凉拌菜肴。

三、操作方法

将块状原料切成长片，在厚度1/2处片进原料。运用直刀推剞刀法，在两面均匀地剞上宽窄一致的斜刀纹。用手轻轻拉开，成品造型交叉，形似剪刀。

四、工艺要点

加工时要求刀距、交叉角度、大小厚薄都要均匀一致。向外拉动时动作要协调，不可拉断。操作过程注意安全。

学思悟践

1．学习：整理所学知识，制作本部分知识思维导图。

2．思考：剪刀形花刀操作过程中有哪些注意事项？

3．感悟：读一读下面的文字，谈一谈感悟。

在剪刀形花刀训练过程中，宗悦阳没有注意到刀片的角度过于倾斜，导致切口深浅不一，甚至某些地方几乎切到了食材的另一面。李老师指出：“需要注意掌握正确的刀法角度，保持刀身与原料表面呈一定角度，保证每一刀的深度一致，用力均匀。”宗悦阳重新开始练习，最终做出了合格的作品。

李老师总结道：“记住，好的刀工不仅要追求外形的美观，更要注重实际操作中的技巧与细节。每一次切割都是与食材的对话，只有用心，才能创造出让人满意的作品。”

4．实践：结合所学知识与技能进行剪刀形花刀技能训练，填写《实训报告书》（附录1）。

任务准备

仪容仪表：依据实训要求着工作服，做好个人清洁、消毒、安全防护。
实训工具：准备实训必备工具及砧板1个、毛巾1条、菜刀1把、削皮刀1把、瓷盘1个。
实训原料：青萝卜。

任务实施

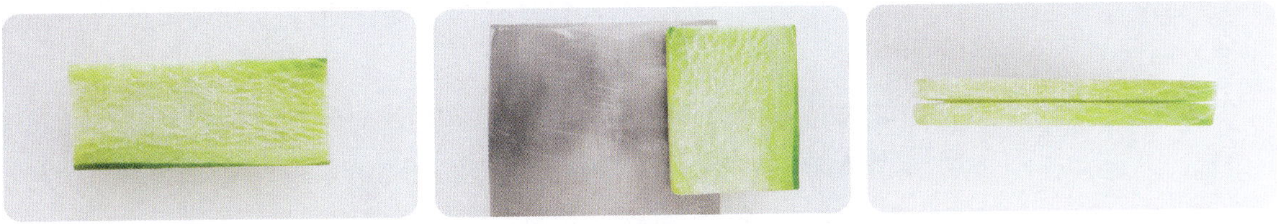

首先，将青萝卜去头尾，去皮，切成长方体。用直刀法切成1cm厚片，修整成长方形。菜刀对准原料一侧，剞进原料1/2处。

然后，用菜刀对准原料另一侧，同样的方法剞进原料，注意不要剞透。接着，将原料放平，斜45°直刀剞切进原料。

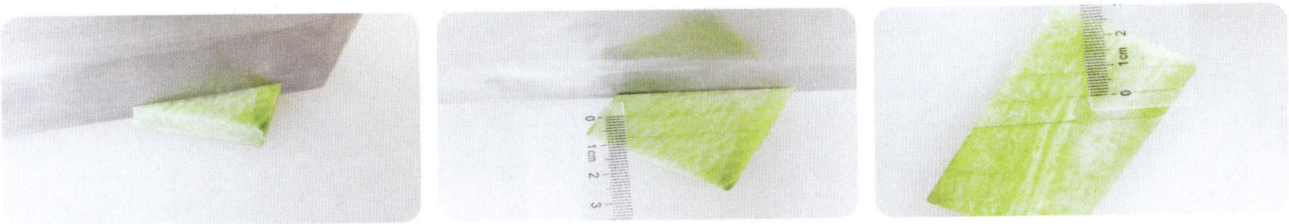

刀切到一半深度停止，刀距为1cm，继续切，切完后，将原料反过来，开始切另一面。

最后，采用直刀剞的方法与另一面交叉切，切完后用手轻轻拉开即可，成品效果如图所示。

剪刀形花刀：
青萝卜

任务十九

渔网形花刀

任务导读

在宴席上，李冉发现有道菜用胡萝卜做了像渔网一样的装饰，他认真观察了一下，猜测和蓑衣形花刀差不多，于是就尝试做了一次，结果失败了。

李老师告诉他，渔网形花刀是将白萝卜或红萝卜采用纵横深浅交错的切法，切出如渔网的形状，适合以萝卜等蔬菜制作菜肴盘饰，以提升其美观度和风味表现。李冉之所以失败，是因为没有做到“交错”。李冉听了，非常想学习这种刀法。

相关知识

一、定义

渔网形花刀，指在原料正反表面运用直刀推剞和平刀滚料片的刀法剞上花刀，拉开呈渔网形状的一种刀工技法。

二、适用原料

一般用于加工白萝卜、胡萝卜等，常用于菜品的装饰，也可用于制作凉拌菜肴。

三、操作方法

将块状原料切成长片，运用直刀推剞刀法，在两面均匀地剞上宽窄一致的斜刀纹，然后运用平刀滚料片的方法片开。用手轻轻拉开，成品造型交叉，形似渔网。

四、工艺要点

加工时要求刀距、交叉角度、大小厚薄都要均匀一致。蔬菜滚动平稳，动作要协调。操作过程注意安全。

学思悟践

1. 学习：整理所学知识，制作本部分知识思维导图。
2. 思考：渔网形花刀操作过程中有哪些注意事项？
3. 感悟：读一读下面的文字，谈一谈感悟。

在渔网形花刀训练过程中，高海峰没有注意到直刀剞时的角度和深度，导致平刀滚料片时成品断开，没有达到渔网的效果。李老师指出：“剞刀的深度，决定了滚料时会不会断，而剞刀的角度又决定了渔网成形是否美观，如果操作不好，就需要加强剞刀训练。”高海峰重新开始练习，最终做出了合格的作品。

李老师总结道：要熟练掌握刀工技术，必须多思考“为什么”，才能做到“是什么”。

4. 实践：结合所学知识与技能进行渔网形花刀技能训练，填写《实训报告书》（附录1）。

任务准备

仪容仪表：依据实训要求着工作服，做好个人清洁、消毒、安全防护。
实训工具：准备实训必备工具及案板1个、毛巾1条、菜刀1把、削皮刀1把，瓷盘1个。
实训原料：胡萝卜。

任务实施

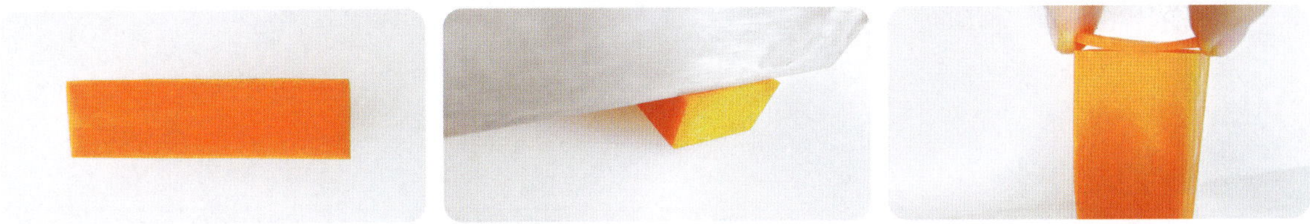

首先，运用直刀法将胡萝卜修成正方形长条状，运用直剞在胡萝卜一面剞至2/5为第一刀。

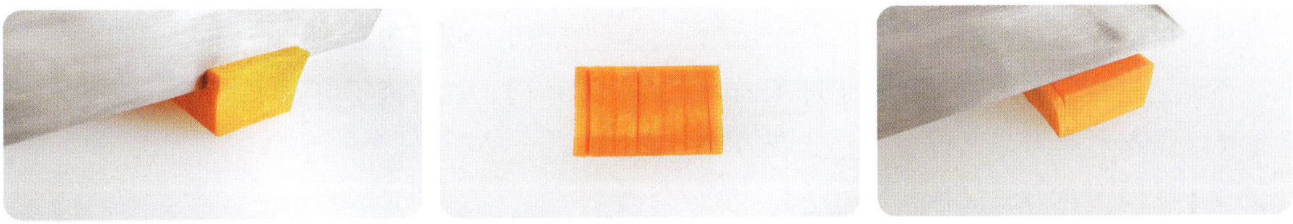

其次，在相对的一面同样剞至2/5为第二刀。按照第一刀的2倍厚度在相邻一面同样直剞至原料的2/5为第三刀，在第三刀的相对面直剞至原料的2/5为第四刀。

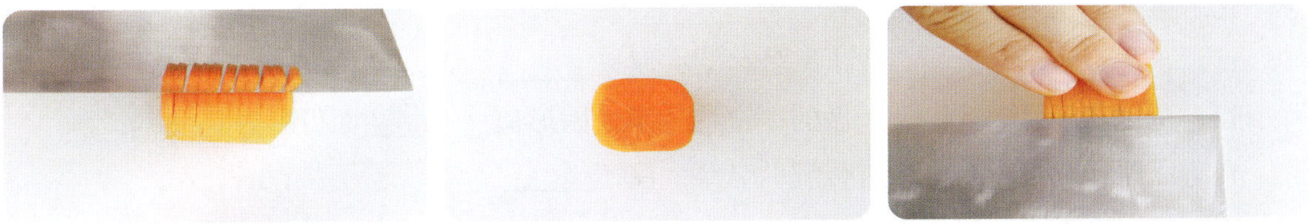

当四刀剞完后，按照以上顺序把原料改刀完毕，运用反刀斜片去掉所有棱角，修好的原料呈圆柱状。

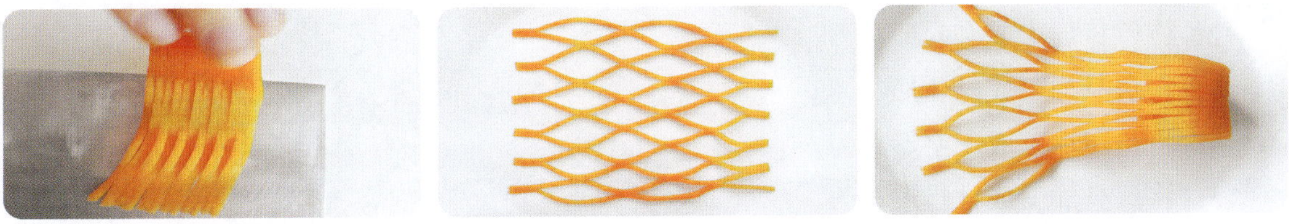

最后，运用滚料片的方法片进胡萝卜，从原料右侧片进原料并做平行移动，继续片完所有原料。成品效果如图所示。

渔网形花刀：胡萝卜

项目总结

本项目学习了斜一字花刀、柳叶形花刀、月牙形花刀、十字形花刀、牡丹形花刀、松鼠鱼花刀、菊花形花刀、麦穗形花刀、荔枝形花刀、蓑衣形花刀、灯笼形花刀、雀翅形花刀、锯齿形花刀、凤尾形花刀、鱼鳃形花刀、麻花形花刀、如意形花刀、剪刀形花刀、渔网形花刀的相关知识和技法。

项目考核

一、职业能力应知题

1. 花刀工艺指运用混合刀法，在原料表面剞上横竖交错、________的条纹。
2. ________花刀，一般用于加工身体侧扁形鱼类或肉质较厚的菱形鱼类。
3. 月牙形花刀，是运用斜刀推剞、________加工成月牙刀纹的花刀工艺。
4. 松鼠鱼花刀，指在鱼身两侧，运用________、直刀剞等方法剞上花刀。
5. ________花刀，一般用于加工内酯豆腐、净鱼肉、通脊肉等。
6. 蓑衣形花刀，又称________花刀。
7. 锯齿形花刀，又称________。
8. 清蒸武昌鱼，是________省的一道传统名菜。
9. 清朝道光年间，________被派往广州禁烟。
10. 鱼鳃形花刀，又称梳子花刀、________。
11. 麻花腰子是________省传统的名菜，属于________系。
12. 鱼鳃茄子是用________做的一道特色菜，因形似________而得名。
13. 凤尾腰花是________省传统的名菜，属于________系。
14. 蜈蚣腰丝是一道传统________菜，因形似________而得名。

二、职业能力应会题

1. 将鱼身加工成斜一字形花刀。
2. 将鱼身加工成柳叶形花刀。
3. 将鱼身加工成月牙形花刀。
4. 将鱼身加工成十字形花刀。
5. 将鱼身加工成牡丹形花刀。
6. 将鱼身加工成松鼠鱼花刀。
7. 将土豆和草鱼肉加工成菊花形。
8. 将鱿鱼和猪腰加工成麦穗形。
9. 将猪腰加工成荔枝形。
10. 将黄瓜和白萝卜将加工成蓑衣形。
11. 将胡萝卜加工成灯笼形。

12. 将黄瓜和萝卜加工成雀翅形。
13. 将洋葱加工成锯齿形。
14. 将西芹加工成凤尾形。
15. 将圆茄子加工成鱼鳃形。
16. 将鸡胸肉加工成麻花形。
17. 将青萝卜加工成如意形。

三、职业能力应用题

1. 能根据食材特点选用不同的花刀技法。
2. 能独立运用各种花刀技法对食材进行加工。

附录 1　实训报告书

实训报告书

实训日期		实训地点	
专业班级		学生姓名	
实训项目		任务名称	
实训设备			
实训工具			
实训原料			
实训过程	1. 2. 3. 4. 5.		
操作要点	1. 2. 3. 4. 5.		
实训心得			

附录 2　实训评价书

实训评价书

实训日期		实训地点	
专业班级		学生姓名	
实训项目		任务名称	
评价内容	个人评价	小组评价	教师评价
仪容仪表			
工具准备			
安全要求			
卫生要求			
时间要求			
操作规范			
成品效果			
改进措施	1. 2. 3. 4. 5. 6. 7. 8.		

附录 3 《中式烹调师国家职业技能标准（2018 年版）》

中式烹调师国家职业技能标准（2018 年版）

1．职业概况

1.1 职业名称

中式烹调师

1.2 职业编码

4-03-02-01

1.3 职业定义

运用刀法与烹调技法，对原材料进行加工，制作中式菜肴的人员。

1.4 职业技能等级

本职业共设五个等级，分别为：五级/ 初级工、四级/ 中级工、三级/ 高级工、二级/ 技师、一级/ 高级技师。

1.5 职业环境条件

室内、常温。

1.6 职业能力特征

具有一定的学习和计算能力；具有一定的空间感和形体知觉；手指、手臂灵活，动作协调；无色盲，无嗅觉障碍和味觉障碍。

1.7 普通受教育程度

初中毕业（或相当文化程度）。

…… ……

（扫码查看《中式烹调师国家职业技能标准（2018年版）》完整版pdf。）

《中式烹调师国家职业技能标准（2018年版）》完整版pdf

参考文献

[1] 李天乐．蛋糕制作工艺与实训[M]．北京：中国轻工业出版社，2020．

[2] 李天乐等．中式面点工艺与实训[M]．北京：中国轻工业出版社，2022．

[3] 李天乐等．图解果酱画饰技艺[M]．北京：中国轻工业出版社，2022．

[4] 冯玉珠．烹饪学导论[M]．北京：中国轻工业出版社，2016．

[5] 冯玉珠．烹调工艺学[M]． 4 版．北京：中国轻工业出版社，2016．

[6] 冯玉珠．烹调工艺实训教程[M]．北京：中国轻工业出版社，2016．

[7] 赵竟翔．烹饪原料与加工工艺[M]．青岛：中国石油大学出版社，2018．

[8] 何彬．烹调基本功训练：刀工勺工[M]．北京：中国轻工业出版社，2020．

[9] 荣明．烹调基本功实训教程[M]． 2 版．北京：中国财富出版社，2021．

[10] 张荣春等．中式烹调工艺与实训[M]．北京：旅游教育出版社，2018．

[11] 袁新宇．烹调技术实训教程[M]．北京：旅游教育出版社，2016．